别莱利曼·趣味科普经典丛书

有趣的化学

〔俄〕雅科夫·别莱利曼 著

刘时飞 译

中国水利水电出版社
www.waterpub.com.cn
·北京·

内 容 提 要

这是一本讲述化学基础知识的趣味科普经典。别莱利曼通过两位好学的少年跟保罗叔叔学习化学的故事，用通俗活泼的对话和简单生动的实验，将化学的基本知识一一呈现在读者面前。在阅读过程中，读者就仿佛与保罗叔叔一家生活在一起，一边听他亲切地讲解，一边看他忙碌地做实验……读者会发现，化学其实是一门非常迷人的学科。尤其是对那些充满好奇心的读者来说，化学知识可一点儿也不枯燥！

图书在版编目（CIP）数据

有趣的化学 /（俄罗斯）雅科夫·别莱利曼著 ；刘时飞译. -- 北京 ：中国水利水电出版社，2021.5
（别莱利曼趣味科普经典丛书）
ISBN 978-7-5170-9555-2

Ⅰ．①有… Ⅱ．①雅… ②刘… Ⅲ．①化学－青少年读物 Ⅳ．①06-49

中国版本图书馆CIP数据核字(2021)第076398号

书　　名	**别莱利曼趣味科普经典丛书·有趣的化学** BIELAILIMAN QUWEI KEPU JINGDIAN CONGSHU·YOUQU DE HUAXUE
作　　者	〔俄〕雅科夫·别莱利曼 著　刘时飞 译
出版发行	中国水利水电出版社 （北京市海淀区玉渊潭南路1号D座　100038） 网址：www.waterpub.com.cn E-mail：sales@waterpub.com.cn 电话：（010）68367658（营销中心）
经　　售	北京科水图书销售中心（零售） 电话：（010）88383994、63202643、68545874 全国各地新华书店和相关出版物销售网点
排　　版	北京水利万物传媒有限公司
印　　刷	唐山楠萍印务有限公司
规　　格	146mm×210mm　32开本　10.75印张　217千字
版　　次	2021年5月第1版　2021年5月第1次印刷
定　　价	49.80元

名师点评人简介

梁国兴，北京师范大学有机化学硕士，参与编写鲁科版高中化学新版教材、教辅和练习册，主编《可怕的科学》等多本科普书籍和高考教辅教材。现任教于北京市育英学校，为化学骨干教师，化学奥林匹克竞赛教练，所教学生多人次获全国化学奥林匹克竞赛金、银牌。

目录
CONTENTS

保罗叔叔非常博学，他在乡间隐居，每天的生活就是浇灌一下花草和蔬菜。和他同住在一起的是两个极热心于学问的侄子，分别叫爱弥儿和喻儿。年纪较长的喻儿，在学习方面更加认真，他甚至认为，如果他找到了学习数学和文法的途径，那么以后就可不必再进学校钻研学问了，因为在学校里只能学到极为有限的知识。

保罗叔叔对于他们的求知心是非常鼓励的，他总说，一种受过训练的智力是我们人生斗争中最好的武器。

这几天，保罗叔叔常常在心里琢磨着一个计划，他想把初步的化学知识教给侄子，因为在他看来，在实际应用上最有成效的一种科学就是化学。

他问自己："以后这些孩子会成为什么样的人？他们会成为匠人、制造家、农夫、机械家，或者是别的什么，我完全无法预知。但不管怎样，我可以确定一件事，那就是不管他们做什么事，最好能够原原本本地了解他们所做之事的原因。也就是说，他们必须具备一定的科学知识。我希望我的侄子们知道什么是水，什么是空气，人们为什么要呼吸，柴薪为什么会燃烧，土壤的成分是什么，植物生活中的主要营养素有什么，这些都与农业、工业、卫生等有着极为密切的关系。我不希望他们随波逐流地学到一些模糊的零碎知识……我希望他们知道这些事情完全是通过自己的观察与体验。书籍在这里并没有多大的作用，它充其量只能作为一种辅助，运用于科学实验上。但是，我们要怎么去观察与实验呢？"

保罗叔叔认真地思考着他的计划，不过这计划实施起来有个极大的困难——他连一个实验室和一套精巧的化学器械都没有。目前，他们拥有的只是一些普通的家庭用品，如瓶、壶、碟、盅、罐、瓢、盆、杯等。乍一看，这些东西几乎没办法用来做任何严密的化学实验。虽然，他们住得离市镇比较近，到了万不得已的时候，在最低的经济限度以内，他们可以去采购一些必要的药品和器械。但是怎么用这些简单的日用品教授有用的化学知识呢？

终于有一天，保罗叔叔跟他的侄子们说，为了减少他们所学功课的单调无味，他准备指导他们去做一个小游戏。他没有提到"化学"这个名词，因为就算他说出来，孩子们也不可能理解。他只把必须指示给他们看的各种有趣味的东西和他预备要做的各种奇怪的实验告诉了他们。所有儿童都具有活泼和好奇的天性，他的侄子们听了他的话，感到非常快乐。

他们问："我们什么时候才可以开始呢？是明天，还是今天？"

保罗叔叔说："今天，马上就开始。不过，先给我五分钟的准备时间。"

名师点评

　　保罗叔叔认为，在实际应用中最有成效的一种科学就是化学。化学的确是一门与生活息息相关的科学，我们的生活、生产和科研都离不开化学的贡献，大到航天领域的火箭燃料和宇航服的材料，小到我们每天日常的衣食住行，都离不开化学。我们生活在五彩缤纷的化学世界里，化学家又通过研究化学变化和规律为我们创造了更加美好的生活，让我们穿得更暖和、吃得更健康、交通更方便，芯片制造技术的进步为我们增添了无限的乐趣，医药制造能力的飞跃也为我们构建了健康的长城。

　　化学科学主要在分子、原子层面，研究物质的组成、性质、结构与变化规律，创造新物质——也就是自然界中原来不存在的分子。化学是以实验为重要依托的科学，它引导人们重视假设、探究、观察与推论等科学研究的逻辑程序与思维方法，进而去认识世界万物组成的真相和变化的规律。就像保罗叔叔给孩子们演示的那样，实验的实施不必非得依靠于设备精良的实验室，简陋的仪器和装置经过精心和严谨的设计，同样可以帮助我们迈开求知的步伐。学习化学最重要的是要有一颗好奇的科学求知心，生活中我们也可以通过简单的观察和仪器操作进行一些化学实验，比如在注意安全的前提下，在你们家的厨房里也可以进行一些简单的趣味探究实验。通过亲自动手证实或证伪某些先入为主的观念、书籍或者权威告诉我们的结论，在满足我们对世界的好奇心的同时，也可以让我们一步一步接近心中神圣的真理。

　　保罗叔叔深谙实验对化学学习的重要性，在后续的化学小课堂上随时随地于生活中取材，用极其不起眼的家庭器具，让孩子们在趣味的"游戏"中体会学习的乐趣。保罗叔叔最可贵的地方不仅仅在于他渊博的化学知识，更在于他能够通过题材丰富、现象广泛的小实验题材，让科学与学习更有趣，使得严肃问题活泼化、日常生活趣味化。在类似玩耍的快乐氛围中学习知识并收获真理，培养兴趣以驱动主动探索和学习，保罗叔叔渗透在一言一行中的这种理念，哪怕在今天也不过时。通过这样跟着保罗叔叔一步一个脚印地学习，小朋友们也能从小养成善于发现和挖掘生活想象中的问题，勤于思考、喜欢提问、热衷解决问题的好习惯。

第二章 混合与化合

保罗叔叔倒了一大杯水，将一把混合物放在水里，并用木条搅动混合液。在杯中的水快速运动起来后，他就停止了搅动，在一边静静地等待结果。很快，铁屑因为太重而沉到了水底，而那些硫黄华则不停地在水里悬浮。接着，他在另一只杯子中倒入含有硫黄的混合液，等到其静止后，发现硫黄华在水中依然呈悬浮状态。

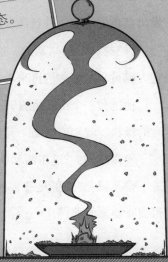

　　这个计划不久就开始实行了。保罗叔叔先去了附近的锁匠家，从锁匠的工作台上取了点东西，用纸包了起来；然后又去药铺花很少的钱买了点药品，同样拿一张旧报纸把它包了起来，带回了家。

　　他把一个纸包打开，问孩子们："这是什么？"

　　爱弥儿说："这种粉末是黄色的，用手指捻一捻，会发出一种极轻微的声音。我猜这肯定是硫黄。"

　　喻儿说："是的，这肯定是硫黄。我们可以通过实验来证明。"

　　他一边说着，一边从厨房里拿出一块烧红的炭，撒了很少的黄色粉末在上面，就看见炭发出蓝色的火焰并燃烧起来，同时释放出一种使人窒息的臭气，就像硫黄火柴那样。

　　喻儿开心地说："这下可以证明了吧，只有硫黄才会在燃烧时发出蓝色的火焰，并且散发出使人窒息的臭气。"

　　保罗叔叔说："是的。这确实是被研细了的硫黄粉末，我们称它为硫黄华。那你们再来看看这是什么？"

　　他把另一个纸包也打开，露出了里面的金属粉末——看那闪光的颗粒，就知道这是一种金属的粉末。

　　爱弥儿说："这东西和铁屑非常像。"

　　喻儿说："哪里是非常像，这就是铁屑。保罗叔，这大概是你跟锁匠要来的吧。"

保罗叔叔道："喻儿，你确实猜对了，但是我不希望你这么草率地做出判断。无论我们研究的是什么问题，都得经过精细的考察才可以下判断，否则所下的判断肯定很少有正确的时候。你没有理由就说这种金属颗粒是铁屑，因为从外形来看，锡屑、铅屑、银屑、铁屑等差不多都是银灰色的，而且都能闪闪发光。你之所以能够确定那黄色的粉末是硫黄，是因为你已经通过把它放在炽炭上加以证明了。但是现在，你们能够找出一个证明这些粉末的确是铁屑的证据吗？"

两个孩子面面相觑，始终没有头绪。最后保罗叔叔对他们进行了一个暗示。

他说："那块你们每天玩的马蹄形磁铁在哪儿呢？想一想，这块磁铁能不能帮你们解决这个问题？我经常看见你们用它来吸缝针和钉子。不过它能不能把铅吸起来？"

喻儿说："不能，它可以把一把重的刀子吸起来，但是却连一小块铅都吸不起来。"

"它可以把锡吸起来吗？"

"也不能。"

"银和铜呢？"

"还是不能。噢，我明白了。磁铁能把铁吸起来。这就是我们要做的实验。好，现在就让我试一试。"

喻儿三步并作两步迅速奔到楼上，在满是玩具和书籍的架子上找到了磁铁，又迅速跑下楼来。他把磁铁靠近金属粉末，就看见各有一串发光的胡须样的东西挂在了磁铁的两端。

他喊道:"快看,磁铁把这些东西统统吸起来了!我现在能够肯定它是铁屑了。"

保罗叔叔赞同地说:"没错,这些就是我从锁匠的工作台上取来的铁屑。现在,我们已经确定了这两样东西是什么,我们就该进一步进行化学的研究了。你们注意看一下。"

说着,他拿出一张大纸,把这两包东西一同倒在上面,然后搅和在一起。

他问:"你们看,现在这张纸上放着的是什么?"

喻儿说:"这个问题太容易回答了,它们是硫黄和铁屑混合出来的东西。"

"是的,这种混合起来的东西就叫混合物。现在你们还能把硫黄和铁屑从这些混合物中辨认出来吗?"

观察着纸上混合物的爱弥儿说:"非常容易,你看这些是硫黄,因为它们是黄色的;这些是铁屑,因为它们会闪光。"

"你们可以将它们一一分离出来吗?"

"当然可以,只是需要费一点时间。我的眼光很锐敏,借用一根针,我就可以把铁屑剔在这边,把硫黄剔在另一边。只是我恐怕没有这样的耐性,因为这事太麻烦了。"

"是的,完全把它们拣选出来是一件很困难的事,无论你的耐性有多好,也一定干不了。但是确实可以把它们分开。不过,在这一个小堆上,好像既看不出硫黄的黄色,也看不出铁屑的银灰色,能够看到的只是黄与银灰配合而成的灰黄色——除非你有过人的眼力和灵活的手指，否则完全没有方法分开它们。不过，还有别的办法可以把它们分开，这我知道。我想看看你们两个能不能想出来。"

喻儿说："我想到了。"他一边说，一边在混合物的上面来回移动磁铁的两端（或者叫两极）。

爱弥儿说："再给点时间，我也能想出来。这并不难，因为刚才叔叔已经提起过磁铁了。"

保罗叔叔说："能够想出解决一个困难问题的方法总是好的；能够很快想出来就更好了。不过你不用着急，很快你就可以再跟喻儿比个高下了。现在先让我们一起看看他的方法管不管用。"

喻儿继续在铁屑和硫黄的混合物间移动磁铁，最后，磁铁的两极吸引了那些金属颗粒，它们像刺毛般地聚集在上面，硫黄被撒在了纸上。

喻儿非常得意，说："这太管用了！如果这样一次次持续地吸下去，用不了10分钟，就可以把它们完全分开了。"

保罗叔叔说："行了，不用吸了。你的方法既简便又有效，相当不错。现在让我们把那些铁屑仍旧掺在硫黄里。用磁铁来将这两种物质分开，虽然很简单，但并不是每一个人随手都能找到一块磁铁的。你们能不能想出另外一个不需要用磁铁就可以把它们分开的方法？这是一个不需要用什么特别器械的非常好的方法。你们先想一想，铁和硫黄相比，哪一种物质更重？"

两个爱好化学的少年齐声回答："铁更重。"

"如果我们把铁放到水里，会发生什么？"

"铁会沉到水底。"

"硫黄呢——它会怎么变化？我指的不是块状硫黄，而是硫黄粉末，也就是硫黄华，因为块状硫黄会沉到水底。"

爱弥儿唯恐又被哥哥占了先，便抢着说："我知道！我知道！如果我们把这些混合物全部倒进水里，铁屑就会沉到水底，而硫黄——嗯——硫黄——"保罗叔叔看喻儿好像要插嘴，赶忙阻止他说："喂，喻儿，让爱弥儿说吧。"

爱弥儿红着脸重复着说："硫黄会在水面上浮着：也许它也会沉到水底，但是肯定不像较重的铁屑那样沉得那么快。"

保罗叔叔面带赞许地说："爱弥儿，我刚刚才说过不久你就可以跟喻儿比个高下，果然现在就成真了。你的观点很有道理，只是因为你对硫黄的状态还不太确定，所以你说话时有些吞吞吐吐的。

现在我就用实验验证一下。"

于是保罗叔叔倒了一大杯水，将一把混合物放在水里，并用木条搅动混合液。在杯中的水快速运动起来后，他就停止了搅动，在一边静静地等待结果。很快，铁屑因为太重而沉到了水底，而那些硫黄华则不停地在水里悬浮。接着，他在另一只杯子中倒入含有硫黄的混合液，等到其静止后，发现硫黄华在水中依然呈悬浮状态。因此，铁与硫黄在这时候就已经被分开了。第一只杯子里有铁屑，第二只杯子里有硫黄。

保罗叔叔说："你们看，用这种方法得到的结果和用磁铁是一样的，但是所需的用具却简单得多。接下来我们要做的实验，也都是这种不需要什么特别用具，却能得到完美的结果。好，现在你们已经知道，通过上面的方法，我们可以很容易地把这两种混合在一起的物质完全分离，不过现在我们为什么要把它们分开，就先不去管了。把我们方才所学的内容归纳出来，就是：由两种或两种以上的不同物质合成了一种混合物，它们的结合是可以用各种简单的方法分开的。放在你们面前的是一堆硫黄和铁的混合物，它们可以用磁铁，用水，也可以用上一点时间和耐性，一粒粒地用手分开来。现在我们要更进一步，做另一种实验了。"

说着，他在一个面盆里放上了由铁屑和硫黄合成的混合物，往里面加了一点水，用木条将它们搅成膏状。然后他找来一个无色广口的旧玻璃瓶，在瓶中放入这些膏状物，为了让这个瓶子得到一点热量，又把瓶子放在太阳光下。因为那时正是烈日炎炎的夏天，所以保罗叔叔预料，这结果很快就会出现。

他说："现在你们注意看，会发生一些奇特的事情。"

两个孩子目不转睛地注视着这个瓶子，心中对于他们在化学上的最初的实验能够取得成功充满了热切的渴望。这个瓶子里会发生什么变化呢？他们等了不到一刻钟，只见里边灰黄色的膏状物逐渐变黑，最后竟然变得像煤烟子一样，同时发出嗤嗤的声音，从瓶口喷出一缕缕的水蒸气，而且还有少量的像在一种爆发力的作用下被投射出来的黑色物质。

保罗叔叔说："喻儿，你去摸一摸这个瓶子，但是千万要注意安全啊。"

喻儿觉得有点莫名其妙，跑过去摸了摸瓶子。

他突然惊叫了起来："哎哟！好烫！好烫！"差点儿就把瓶子碰到了，转过身面向叔叔，像是不小心触着热铁似的抖了抖手。然后他说："叔父，瓶子怎么会突然这么烫呢！烫得几乎都不敢碰。如果这个瓶子曾经被人放在火上烤过，那么它的烫是完全能够想象的；但是现在这个瓶子并没有被放在火上烤，就自己变烫了，太出乎意料了，谁能想得到呢？"

听了他这番话，爱弥儿也想去试试，他先用指尖碰了碰瓶子，然后非常勇敢地用手去摸，但是他一摸到瓶子，便像喻儿那样马上就放手了。从他的表情来看，可以推断他对于瓶子无缘无故发热的变化，也充满了无限的惊奇和不解。

爱弥儿想："叔叔只在这混合物中加了一些水，但是水不能作为燃料，所以不应该会发热，太阳虽然很热，但是无论如何也不会让瓶子烫得都没法用手去摸的地步。这个道理，我还真的想不明白。"

亲爱的读者，你得记好，许多不可思议的事都会在保罗叔叔的化学实验里发生。每个研究化学的人都如同置身于两个新的世界中，他们眼睛所看到的，无一不是奇怪的事物。不过你千万别太慌乱；你需要做的就是仔细地观察，把看见的事物牢记在心里，虽然你现在觉得这些事情奇幻莫测，但是在将来，你肯定会渐渐明白的。

当下保罗叔叔简要地说："通过亲自去触摸，我们现在已经知道，这瓶子里的东西会自己发热，而且热度极高，因为它使你们产生了被烫痛的感觉。而我们看到的其他现象，则认为是其发热产生的一系列的结果。我搅和这些混合物时用的水已经变成了水蒸气，所以才会从瓶口飘出白色的水雾。伴着这些水雾，又出现了嘶嘶的声音、轻微的爆发，并射出固体物质。如果刚才我有更多的铁屑和硫黄——如果我的混合物有一升以上，而不只是一两把——那么，这个实验的结果，肯定会使你们更加惊讶。现在，我要告诉你们一个更奇妙、更有趣的实验。

"在一个地洞里放入适量的铁屑和硫黄的混合物，在上面浇些清水，再堆些湿润的泥土，把它们筑成一个小丘。当这个小丘爆发的时候，简直像火山喷发一样：先是小丘四周的地面会发生震动，接着堆着的泥土会裂成许多隙缝，缕缕的水蒸气会从这些隙缝中喷射而出，伴着嘶嘶的声音，会有猛烈的爆发，甚至还会出现飞跃的火焰。这些被称为"人造火山"；不过在这里我得补充一句，真正火山的起因和作用与这个完全不同，但是两者之间的详细区别，此时我们还不用去说明。另外，做这种实验时要特别注意安全，只能在大人的陪同下，远远地看，千万不要靠近。至于这种人造火山，有空的时候，你们可以用少量的铁屑和等量的硫黄试着做一下。不管你们所筑的小丘有多小，都能够引起你们许多的兴趣：至少它会裂开几条隙缝，也会有热腾腾的水蒸气喷射出来。"

爱弥儿和喻儿听完叔叔的话，决定去向锁匠要些铁屑，再买少量的硫黄华，等有时间了，就去做人造火山的实验。就在他们讨论这个计划的时候，瓶子里的作用已经渐渐减弱，同时温度也降下来了，用手摸着也不会觉得那么热了。保罗叔叔拿起瓶子，将里面像煤烟子似的一种深黑色的粉末倒在一张纸上。

他说："你们现在再试试，是不是还能把硫黄拣选出来；哪怕只找到小小的一粒也行。"

两个孩子拿了一根针，对那些黑色的物质做了仔细的检查，可是找来找去也没法分出哪一粒是硫黄。

他们说："那些硫黄去哪里了呢？不管怎么说，它们肯定在这一堆粉末里，因为我们是亲眼看见叔叔把它们放进瓶子里的。而且它们在实验的时候也没有遗失，因为我们没有看见它们跑出瓶子，只有一些水蒸气飘出。所以它们肯定还在瓶子里。可是为什么我们连一点儿也找不到了呢？这是什么道理？"

喻儿又说："也许是因为它们已经变成了黑色，所以我们才找不到吧。我想现在我们可以用火来试一试，这一定可以解决问题的。"

喻儿觉得自己已经探索出了这个秘密，对此他非常自信，于是他跑到厨房里拿了一些炽炭，然后在上面撒了一撮黑色粉末。但是过了好一会儿，即使他把炭吹得更加炽热，也始终不见它起到了燃烧的作用，同样也看不见它发出蓝色的硫黄火焰，接着他又将好几把黑色粉末撒在上面，结果却仍然如此，于是他感到非常失望。

他大声说："这简直是莫名其妙，明明那些硫黄就在这些黑色粉末里，却没办法让它燃烧起来。"

爱弥儿说："就连那些铁屑也看不见了。看上去在这些黑色粉末中就只有黑色粉末，一点儿闪光的铁的痕迹都没有。让我们试试能不能用磁铁把铁屑分离出来吧。"

说着，他拿起磁铁，使其往来移动于黑色粉末的上方，但是结果却和炽炭实验一样，磁铁完全没有产生效力，再也没有像刺毛般的金属颗粒连缀在磁铁的两极上。

爱弥儿耐心地又移动了好一会儿，最后失望地说："真是太奇怪了！刚才我们明明看见那里有许多铁屑，怎么现在却连一粒都没有了？如果刚才我没有亲眼看见它们被放进去，我肯定会说这里面并没有铁屑哩。"

喻儿对他的看法表示同意："就是啊！如果我刚才没有看见叔叔用硫黄和铁屑搅成了这堆东西，我肯定也要说这里面根本没有硫黄。但是这里明明有那两种物质，现在却好像完全消失了；明明是用硫黄和铁屑来拌成的东西，现在却在里面找不到一点儿硫黄和铁屑。这真是一件令人匪夷所思的事。"

保罗叔叔认为从别人处采纳来的意见远没有依靠个人观察得来的意见有说服力，所以他让他们自己先进行讨论。观察即是学习。但是到了最后，两个孩子对于怎么才能拣出硫黄和铁屑完全束手无策了，于是他开始从旁进行指导。

他说："你们现在还想将这两种物质一粒粒地分离出来吗？"

他们回答："我们没法把它们分离出来，我们甚至在这里都找不出一点儿硫黄或铁屑存在的痕迹。"

"用磁铁试试怎么样？"

"一点儿用也没有，它什么都吸不起来。"

"那用水试试呢？"

喻儿说："估计也不管用吧，因为这些粉末看上去好像只是一种东西，没有什么轻重之别。不过，我们也可以试试。"

说着，他在一杯清水里放入了一把黑色粉末，搅和之后，黑色粉末全部沉在杯底，没有办法对其进行分离。

保罗叔叔说道："这样看来，已经不能用以前的方法把它们分开了。而且，那东西的外观和性质已经被彻底改变，假如你们之前不知道它们是由什么合成的，你们肯定想不到其中有硫黄和铁屑的存在。"

孩子们说："对啊，谁能想得出这是用铁和硫黄合成的这些东西呢？"

保罗叔叔接着道："我刚才已经说过，现在这东西的外观已经发生了改变；本来呢，硫黄是黄色的，铁是银灰色的，但是在这两种物质结合了以后，它们既不是黄色的，也不是银灰色的，而变成了深黑色的。同样，它们的性质也发生了改变：硫黄原本是易燃的，在燃烧时会发出蓝色的火焰，还会有使人窒息的臭气被释放出来，可是这种黑色粉末却不能燃烧；铁原本是能够被磁铁吸引的，可是这种黑色粉末却不会被磁铁吸引。因此，我们可以得出以下结论：这种粉末完全不同于之前的硫黄和铁，它是另外一种与它们性质截然不同的物质。我们是把这种物质叫作硫黄和铁的混合物吗？不，因为它的性质和先前的两种物质完全不同，同时我们也不能用任何简单的方法将它的两种成分鉴别出来。像这样的结合，远比我们知道的所谓'混合'来得更加密切，在化学上我们称为'化合'。混合会让物质的各种成分保留其原有的性质，化合却让物质的各种成分失去了原有的性质，并产生了其他新的性质。几种物质混合在一起，我们经常可以通过简单的方法把它们各自分离开来；然而在几种物质化合在一起之后，通过同样的方法我们却不能把它们分离开来了。所以我们说，两种或两种以上的物质化合后，再用拣选的方法是无法把它们分离开来的，也就是说，化合后物质原有的特性已经消失，取而代之的是一种新的物质。

"还有一点你们要注意，物质化合后所产生的新物质，并非来自化合的物质的本性。没有研究过这种奇事的人，谁都无法想象容易燃烧的黄色的硫黄会成为不可燃的黑色的粉末，而对磁铁有很快感应的有金属光泽的铁会成为毫无磁性感应的黑色的物质。若是预先对于这种事情没有一点知识，这是完全不能判定的。你们以后会经常看到，物质在化合之后发生根本的改变：把黑的变成白的，白的变成黑的；把苦的变成甜的，甜的变成苦的；把剧毒的变成完全无毒的，无毒的变成剧毒的。以后再遇到两种或两种以上的物质化合时，你们要仔细地留意一下它们的结果。

"此外，还有一点是需要特别注意的。就像刚才的硫黄和铁屑的混合物，在化合作用进行的过程中，会自己发出大量的热，烫得甚至都不敢用手去摸。我想因为有了这种由意外的高热引起的惊奇，喻儿对此一定会永远记住的。关于这一点，我要告诉你们的是，在化合作用中，像这样的增温并不是例外，也不是只在硫黄和铁的化合中才会出现的特别情形。每当两种或两种以上的物质化合时，都可能会发热，不同的只是所发出的热量的高低；有时发热极微，我们要想观察出来必须用最精密的器械进行测量，有时——这种情形占大多数——发出高热，用手摸上去会感觉非常烫；还有时会出现赤热或白热，用眼睛就可以看见。总之，凡是物质化合的时候，多少都会发出一点热，反过来说，凡是有发热或发光的现象，差不多都表示那里有化合作用正在发生。"

喻儿插话道："保罗叔叔，我想问你一个问题，炉中烧煤，那里也有不同的物质在发生化合作用吗？"

"当然了。"

"那么，煤一定是其中的一种物质了？"

"是的，煤是其中的一种。"

"另一种是什么呢？"

"另一种存在于空气中。虽然我们看不见，但是的确有这样一种东西存在，关于它，我们等将来有适当的机会时再细说。"

"在灶里发光发热地燃烧着的柴薪呢？"

"那里也在发生化合作用，柴薪是其中的一种物质，另外一种物质也存在于空气中。"

"照明用的油灯和蜡烛呢？"

"同样在发生化合作用。"

"这么说，我们每点一次火，就会促成一种化合作用的发生吗？"

"对啊，你们让两种不同的物质化合在一起了。"

"这个化合作用太有意思了！"

"不但很有意思，而且非常有用。正因为如此，我才会告诉你们它是怎样使物质发生奇异变化的。"

"你能不能把这些奇异的事情全都告诉我们？"

"如果你们肯用心，我就会尽我所能，把我知道的这些都告诉你们。"

"喔，这点你不用担心。我们会把它们统统牢记在心里的，决不会忽略一个字。比起动词的活用和那些多位数的除法，我宁可学这种功课。爱弥儿，你觉得呢？"

爱弥儿点点头说："当然！我愿意每天学这种功课，整天学也行。总有一天我要把那些文法功课抛开，去做一个人造火山玩玩。"

保罗叔叔劝他们说："如果你们想听我讲化学，就不能因为你们喜欢化学，而抛开文法。化学是很有用，但是语言的用处也很大！虽然动词的活用看上去很难，但是你们绝对不能忽略了它。现在，我们接着说说化合作用这个题目。

"就像我在前面说的，化合作用的过程中常常伴有的热或光、炸裂、爆发、火花的飞进、光芒的射出……总之，就是爆竹之类的东西展示出来的所有现象，在两种物质化合时是经常会发生的事。在这种化合作用中，两种物质会结合得非常紧密：我们可以这么说，它们就像结了婚一样。热和光可以看作是祝贺它们婚礼的爆竹和彩灯。你们别笑我用这种比喻，因为这实在是太确切了。化合作用把两个东西并成了一个，就像人结婚一样。

"现在我要告诉你们，硫黄和铁'结婚'后变成了什么。我们不能再把它称为硫黄或铁，因为它既不是硫黄也不是铁了。同样，我们也不能把它称为硫黄和铁的混合物，因为它虽然在最开始的时候是混合物，但到后来已经不能算是混合物了。这种物质我们在化学上称为硫化亚铁，这个名词会让我们记得这两种物质是因化学婚姻的约束而结合在一起的。"

名师点评

　　世界由物质组成，物质世界也是不断变化的。物质变化主要存在着化学变化和物理变化两种形式，并不是所有的变化都是化学变化，从宏观层面上看，有新的物质生成，才意味着发生了化学变化。比如，水在高温下变成水蒸气或者低温下结成了冰，这个过程中没有生成新物质，无论气态水蒸气、液态水或固态冰，其化学本质都是水这种物质，只不过存在形式上的变化，因此水的汽化、液化或凝固，只是一种物质三态的变化，属于物理变化。化学变化过程体现物质的化学性质，物理变化则体现物质的物理性质。

　　化合和混合是化学初学者非常容易混淆的两个概念，这两个概念指向的就是化学变化和物理变化。两种物质混合在一起，并没有发生化学变化，因为没有生成新的物质。两种纯净的物质混合在一起之后变为了混合物，混合物中每一种纯净物成分，都保留了各自原来的性质，比如铁（Fe）和硫粉（S）无论怎么混合，如果没有达到让它们发生反应的条件，它们就还是保留各自的性质。铁混合之后跟混合之前一样，仍然会有磁性，我们可以用磁铁把它吸出来，磁铁的主要成分是四氧化三铁（Fe_3O_4），跟铁一样都有磁性。当然硫粉在与铁粉混合之后，还保留了硫粉自己的性质，比如可以在氧气中燃烧，硫在空气中燃烧会发出淡蓝色的火焰，生成刺激性的气体二氧化硫（SO_2）。

两种纯净的物质在一定的条件下，会发生化学反应，变成一种新的物质，我们称为它们发生化合。铁和硫在加热的条件下会发生反应，生成硫化亚铁：$Fe+S=FeS$，这个过程会释放出很多热量，黄色的硫粉会消失，转化成黑色的硫化亚铁。这样的化合反应在生活中很常见，比如火炉中的木柴——主要成分是碳（C）——燃烧，就是碳与氧气（O_2）化合生成了二氧化碳（CO_2）。

　　因此，化合和混合是两种截然不同的结合方式，就像保罗叔叔打的比方：化合过程就像是进行了一场化学婚礼。参加反应的物质都失去了它们原有的性质，而体现出生成的新物质的性质。当然，化学反应的类型不仅局限于化合一种，还有分解、置换和复分解，等等，都是物质转化的重要反应类型。

一片面包

孩子们对于人造火山实验的结果很满意。那个火山是用湿泥堆成的小丘，散发着高温，裂开一条缝隙，嗤嗤地冒出一缕缕水蒸气。经过在空闲时候用各种方法检验后，他们认定那个地洞中残余的硫化亚铁与他们叔叔实验时所制成的物质是相同的。

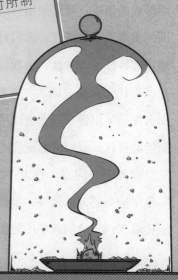

孩子们对于人造火山实验的结果很满意。那个火山是用湿泥堆成的小丘，散发着高温，裂开一条缝隙，嗤嗤地冒出一缕缕水蒸气。经过在空闲时候用各种方法检验后，他们认定那个地洞中残余的硫化亚铁与他们叔叔实验时所制成的物质是相同的。直到这时，保罗叔叔才加入他们的实验。

保罗叔叔说："这时候残留在人造火山中的黑色粉末是铁和硫黄：这个物质的形成，是你们亲眼所见、亲手所制的，因此，对于这个事实，你们大可不必怀疑。但现在的问题是：这种化合了的铁和硫黄还能够各自恢复到它原来的形状吗？答案是肯定的，但这种事情绝不是简单的挑选就可以实现的。如果要分开一种由化合作用而形成的物质，就必须用科学的方法了，而这种方法是属于化学范围的事情。不过现在，你们对于化学并没有充分的认识，所以我不想用那种方法。并且，就我们现在的目的而言，将它们分开不分开并没有什么大碍。因为，既然这种黑色粉末的确含有这两种物质，那么如果运用恰当的方法就可以从其中获得这两种物质。我希望你们能够将这一点好好地记在心里。"

喻儿十分同意，他说："那当然了，用铁和硫黄制成的物质，如果用恰当的方法处理，自然可以得到铁和硫黄。正如从铁屑中能够提取出铁，从硫黄华中能提取出硫黄一样确定。"

保罗叔叔说："其实，分开这两种物质的过程并不难，只是要用的药品全部是你们没有见过的。如果真的做实验，反而会让你们莫名其妙。要想获得实在的、永久的知识，须力求范围之小、观察之精，这是一个秘诀。

"现在我要说的是，分解任何一种化合而成的物质都不一定是容易的。任何一种显示出热与光的化合作用，都像是一场化学的婚礼，它将物质结合得非常牢固。要想把它们分开，就非得要运用科学方法不可了。而实际上，物质结合得越容易，分解就会越困难。如果这种化合作用是自发的，那么要分开它们就更加不易了。我们最近看到的是铁和硫黄的化合，这种化合作用时间极其短促，也不须借助任何外力。所以，只有运用巧妙的科学方法才能把它们分开。

"不过，上述现象也有例外。化合过程极其困难，但分离却很容易，几乎毫无阻力。有这样几种物质，一旦受热、震动、摩擦、撞击，甚至是嘘一口气，就分解了。这样轻易地脱离它的同伴解放出来，就像是和爱人之间性情不合，这种关系是一种想要离婚的化学'婚姻'。"

爱弥儿说："分离物质真的有这样容易的吗？"

"当然是真的。我想你也常常能体验到这种事吧，当你在擦火柴的时候，有没有注意到：火柴头燃烧时要比火柴梗的燃烧更加猛烈？"

"我虽然之前没有特别注意过这种现象，但是你这样一说，还是可以想得起来的。我记得在一个酷热的晚上，我想要点燃蜡烛，就在黑暗中摸到了一匣装满了红头火柴的火柴盒，没想到刚刚推动匣盖，那匣火柴就全部点燃了，火焰四射，非常猛烈，把我的手都灼伤了。但是等到火柴头燃尽了，那火柴梗却没有烧起来，一吹就灭了。不知道这个现象和物质分离有什么样的关系？"

保罗叔叔说："关系是这样的：任何一种火柴的火柴头里都含有两种物质，一种易燃，一种助燃。这种助燃物质是由不同的成分化合而成的。一旦高温受热，那些成分就会突然分离，帮助燃烧，使火焰旺盛。你想，在这样的情形下，它们的分离是何等容易！

"炸药是一种更为容易分离的物质。枪弹中的雷管之所以会爆发，就是利用了这一性质。你扳动枪机，小铁锤就会打到雷管上，马上就会引起爆发，然后燃烧，同时还会点着弹壳中的火药，将子弹发射出去。你们来想一想这种雷管的构造：杯形的铜片，底部还黏附着一层薄薄的白色的物质——炸药，这种炸药是由好几种成分化合而成的，只要碰到极轻微的撞击，这些成分就会猛烈地飞出去。以上我们所说的，都是极危险的物质。现在，让我们来谈谈无害的物质吧。你们想想，一片面包中包含着什么东西？"

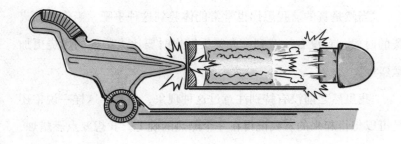

爱弥儿连忙回答道："我想其中包含着面粉。"他认为这一回答十分明白。

保罗叔叔表示同意："不错，不过面粉中又包含什么东西呢？"

"面粉中包含什么东西？面粉中除了面粉还有什么呢？"

"如果我说，面粉中包含着碳，就是木炭，你相信吗？"

"什么？面粉中包含着木炭？"

"没错，孩子，面粉中包含木炭，而且包含很多。"

"哦，叔叔，你在讲笑话吧！我们不能吃木炭啊！"

"啊，你不相信我吗？我不是说过，化合作用可以让黑的变成白的，酸的变成甜的，有毒的变成有营养的吗？而且，我可以给你们看一看从面包中得来的这种木炭，其实，我也不用给你们看了，因为你们肯定已经见过好几百遍，一说就可以记得起来。让我来问你们：你们吃面包，不是要把它放在炉灶上烘烤吗？"

"是的，烤过之后吃起来松脆一些。"

"但是，当你们把面包放在炉灶上就忘记收了呢？如果烤的时间过长了呢？你们试着从经验里把这件事的结果告诉我，因为对于这个严重的事情，我不想参加一点点意见，你们自己去想吧。如果你们把面包放在炉灶上一个小时，那会怎么样？"

"那很容易回答：面包完全变成木炭了。我看见过很多次。"

"那么，告诉我这木炭是从什么地方来的呢？从炉灶中吗？"

"哦，那是绝对不可能的！"

"那么，这木炭是从面包自身中来的吗？"

"是的，这一定是从面包自身中来的！"

"但是，如果一种物质中根本没有另一种物质，就不可能凭空产生出来；所以，面包在火上烤的久了会产生木炭，必然是因为面包自身本就含有木炭，就是碳。"

"唔，是的！我刚刚竟然没有想到。"

"其实还有很多别的常见的东西，只因为一向没有人知道它们，所以你们不知道它们的意义。以后我会常常用这种普通的事情，让你们想出许多重要的真理。回想一下，现在你们就已经明白了面包里含有大量的碳。"

喻儿说："我承认面包里确实含有碳，证据就在眼前，毋庸置疑。但是，正如爱弥儿刚刚说的，我们不能吃木炭，却可以吃面包；木炭是黑的，面包是白的。这又是为什么？"

保罗叔叔回答说："木炭或者碳如果是单独存在的，那么就会像你所说的，是不能吃的，是黑色的。但是，面包中的木炭并不是单独存在的，它和别的东西化合在一起。一经化合，它的本性就会全部丧失，就像硫化亚铁丝毫没有硫和铁的性质一样。在烤焦了的焦屑中，面包中其他物质的性质，都被大量的热赶走了，剩下的就只有木炭和木炭的特性——颜色深黑、质地松脆、味道粗劣。炉灶中的热破坏了化合的作用，把面包中结合在一起的东西全都释放了出来。这就是面包烤久了之后变成木炭的全部秘密。现在让我们再来看看伴随着碳存在在白面包中的其他物质，这些物质，你们知道，也曾经看到过，并且在它们被热驱赶出来的时候，你们还曾经闻到过它们难闻的气味。"

喻儿说："我不太明白，你是在说面包变成木炭的时候所散发出来的那种有特殊香味的烟雾吗？"

"对，你明白了我的意思。这种烟雾就是从面包的一部分中分离出来的。如果把这木炭和烟雾再化合起来，就会组成和未受热之前的面包一样的物质了。热是分离的主要动力，它把某种成分元素驱逐到空气中去，剥去了它的伪装，只留下你们称为木炭的那种不能吃的、黑色的物质。"

"那么就是说，用这烟雾和木炭，能够成功制作面包，而分开了两者都是不能吃的东西，结合了才变成可以吃的东西是吗？"

"正是如此。原来是不滋补的，甚至是有害的物质，经过了化合，可以变成极其滋养的事物。"

"保罗叔叔，既然你这样说了，我当然相信。但是……"

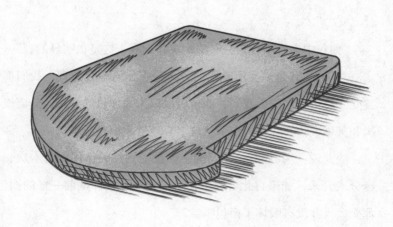

"我明白你的'但是'。这种事情我第一次听说的时候也确实难以置信，因为它和我们原来的观念有很大的矛盾。所以我并不是单单地让你们相信我说的话，而是你们必须明白，你们要用我的信用以外的东西去证实这些话。我在开头就做了极其确凿的实验，我不是用这种实验的结果来作为说明这件难以置信的事实的依据了吗？试想一下，我们在得到破瓶子里的黑色物质的时候，硫黄已经不再是硫黄，铁屑也已经不再是铁屑，那么木炭和烟雾可以失去它们原有的性质而变成面包又有什么值得惊讶的呢？"

"是的，叔父，我们愿意相信你的话。"

"有时候你们必须相信我的话，譬如说遇到了一个事实，需要极其艰深的解释，即使我告诉你们了，你们也不能理解，那么你们就只有相信我说的话。但是在平常的时候，我竭力避免填鸭式的讲授，让你们自己去观察、接触、判断。关于面包受热分解，我方才指出了木炭，并叫你们注意某种臭味或者烟雾，现在你们的结论是什么呢？"

"面包中含有结合在一起的木炭和烟雾，这是很明显的。"

"是的，凡是事实所表明的，无论它如何不合情理，我们都要接受。这种事实告诉我们，面包可以以人为加热的方式，分离成木炭和某种气味。让我们先承认这个真理然后记在心里。"

喻儿说："我还有一个疑问，你说受到热的作用而将木炭、气味分离开来，如果再化合起来，可以组成一个和从前一样的面包。那么，火并没有毁坏了面包吗？"

保罗叔叔说："所谓'毁坏'，不止有一个意义。如果你认为面包受了热，就不再是面包，这层意思是正确的——因为木炭和气体不能算是面包而只是组成面包的物质。然而，就另一层意思来说，如果你认为面包受热之后就化为乌有，就大错特错了——因为世界上存在着的物质，没有一丝一毫是可以用任何力量消失的。"

"但我的意思却正是你所说的后一层——化为乌有，完全消灭。我们总说火能破坏一切、消灭一切。"

"就字面意思而言，这句话是不通的，我需要反复对你们申明，全宇宙中没有一样东西，即使是最小的一粒沙，最细的一条蛛丝，也不会以任何方式消灭。

"现在你们听好了，因为这个问题是极其重要的。假定我们建造一座富丽堂皇的巨厦。在建筑的时候，工人需要把无数的材料，比如说砖瓦、石块、三合土、栋梁、木板、石灰、钉子等，放置到合适的地方。等到屋子建造完成后，巍然矗立，坚实到好像永远不会坍塌一样。但是这座巨厦真的不会毁坏吗？不是的，要毁坏它十分容易。你只要叫一些工人，用锄镐、铁棒、锤子等工具，就可以很快将这座巨厦拆毁，使它变成一大堆残砖废木。就这座巨厦而言，可以说已经被毁坏了。

"但是它会不会被完全消灭、化为乌有呢？那必然是不可能的。屋子虽然被毁坏了，但是拆下来的残砖废木，不是依然存在吗？所以这屋子并不曾被消灭，而且用于建筑这屋子的一砖一木也没有化为乌有。不但如此，连掺杂在三合土中的细砂粒，也存在在某个地方。在屋子拆下来的时候，也许会有一些泥灰被风吹走，但是这些泥灰，无论它怎样细小，无论被吹到什么地方，它还是永远存在在这个世界上的。所以就这个屋子的整体来说，它一点儿都没有减少，一丝也不会消灭。

"火是一种破坏者，但仅仅是破坏者而已，火能够破坏各种材料的房屋，但不能消灭这种材料，哪怕是最小的一颗残屑，最细微的一粒尘埃。火烤面包，就是起到了破坏的作用，但是不会有消灭的作用发生。因为面包经过了火的作用，剩下的确实还是和面包所含有的同样的物质。这些残余物已经变成了木炭和某种烟雾或者气体，而木炭又是能够独立存在的，所以我们能够看见；气体容易飞扬，所以不久后我们就看不见了。你们以后应该永远抛弃'消灭'这个念头。"

"但是……"

"但是？喻儿，你还有什么疑问呢？"

"那么可以说几乎消灭了吗？"

"你观察得很周到，这是很好的，现在让我来回答你的问题。我刚刚说过，拆屋子的时候有一些泥灰被风吹走了。我们假定把这些拆下来的材料完全捣成极其细微的粉末。那么经过了几次大风之后，还剩什么呢？"

"当然吹得一丝不剩了。"

"那是不是就可以说屋子已经化为乌有了呢？"

"那是不可以的，因为它只是变成了尘埃，飞散在各处。"

"那么木头的问题也一样啊：火把木头变成了它的成分元素，这种元素有一些比最微小的尘埃还要小，全都分散到了空气中，人的眼睛看不到——我们所能看见的只有一撮灰烬。因此，就说其余的物质完全消灭了，其实它依旧存在，不可灭。只因为有着有名无色的性质，和空气一样，所以我们看不出来而已。"

"那么，在炉灶中烧过了的木头，大部分成为一种极细微的、不可见的尘埃，分散在了空气中，是吗？"

"是的，孩子。只要是用来发热生光的材料，都可以这样解释。"

"现在我明白了。根据你所说的，我们看不见大部分分散了的木头，就好像看不见拆屋子的时候被风吹走了的泥灰一样。"

保罗叔叔说："不仅如此，一间屋子拆下来的材料，可用于建造位置不同、形状各异的屋子。因此，一段颓垣断壁也可以变成一所完整的建筑。更进一步地说，就是用同样的材料，还可以建造别的东西，石块可以做一种用途，木头、砖瓦也可以有其他用途。所以，这破坏了的屋子的残骸，还可以制造成各种其他的东西，各有其形状，各有其用途，各有其特性。

"物质的变化情形，大概就是这样。我们假设两种或者两种以上的物质，各有不同的性质，将它们化合在一起时，就有了某种特别的性状，我们可以将它比作一种建筑物，这个新的物质和任何组成的物质都不同，正如我们造了屋子，既不是木石也不是砖瓦，不是造成这座屋子的任何材料。

"在这之后，因为某种原因，这种化合的物质被分离了，它的化学构造就被破坏了。然而残骸依然存在，其中的物质一点儿也没有消失。大自然怎么处理这种残骸呢？也许用这种成分来做这个用途，用那种成分来做那个用途。按照这样分别利用，结果就生出了各式各样的和原来物质毫不相同的东西。本来使某种物质变黑的成分，也许可以和别的东西结合形成一种白色的物质；本来使某种物质变酸的成分，也许可以和别的东西结合形成了一种甜味的物质；本来使某种物质有毒的成分，也许可以形成食品。就像本来可以用来制造水沟的砖块，也可以用来制造用途迥异的烟囱。

"所以，一切物质永远都不会消失。虽然骤然看上去，好像有许多物质都会消灭，但这只是因为我们没有仔细观察。我们只要小心观察，就可以知道物质是不灭的、常在的。它们参加了种种化合作用，结合了又分离，分离了又结合。而其中有几种几乎是时时刻刻在破坏、时时刻刻在改造，这样反复变化、永远不止。就宇宙全体而言，则是既没有损失也没有增加的。"

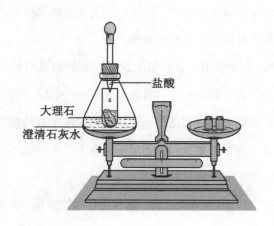

盐酸

大理石

澄清石灰水

名师点评

　　宏观层面上，不同的物质一般由不同的元素组成；微观层面上，不同的分子一般由不同的原子构成或者由相同原子构成但其空间排布方式不同。不同原子通过特定的作用（化学键）连接在一起，构成了宏观上的物质。物质在不同条件下可以发生反应生成新的物质，保罗叔叔跟孩子们讨论的化合反应就是其中的一种重要的反应形式。在反应的过程中，两种原先稳定性较弱的物质会断开原有原子之间的连接，重新组合成更稳定的新物质。新生成的物质越稳定，该反应就越容易发生，生成的物质就越难分解，反之，新生成的物质越不稳定，该过程就越难进行，就算用某些条件勉强让其进行，新生成的物质可能也会很快分解。铁粉和硫粉都是化学性质比较活泼的物质，它们结合成的硫化亚铁就会比较稳定，难以分解，因此这个反应也比较容易进行，只要稍微加热就可以启动。但是有些物质就很容易分解，比如生活中常用的小苏打就非常容易分解：在受热条件下，小苏打（$NaHCO_3$）受热会分解为苏打（Na_2CO_3）、水（H_2O）和二氧化碳（CO_2），后者也是小苏打为什么可以用来制作面点的重要原因。

　　保罗叔叔演示的一片面包由面粉发酵制作，面粉的主要成分是多糖——淀粉，含有碳、氢、氧三种元素，糖类俗称碳水化合物，在高温（过度烘烤）或浓硫酸等脱水剂的作用下，会脱水生成碳。这其中的碳元素与木炭中的碳元素是一样的，世间万物中的元素是相通的，物质和元素是不生不灭的。根据质量守恒定量，在化学反应过程中，物质之间可以发生转化，元素可以从一种物质进入另一种物质（核反应是一种特殊的反应，可以让元素转变为其他元素），但不会凭空消失。

第四章

单质

为了把硫化亚铁分解成单独的铁和硫黄，化学家所用的方法比普通的拣选更为复杂。用火来分解面包，也可以分离出它的主要成分碳。那么到底是什么组成了碳、铁、硫这三者呢？让我来告诉你们历来科学家对于这个问题的研究情形吧。

"我们现在先回过来谈谈硫化亚铁这种黑色粉末吧。为了把这种物质分解成单独的铁和硫黄，化学家所用的方法比普通的拣选更为复杂。用火来分解面包，也可以分离出它的主要成分：碳。那么，到底是什么组成了碳、铁、硫这三者呢？让我来告诉你们历来科学家对于这个问题的研究情形吧。他们曾经花费了很多精力，做了各种精密的实验，但是无论他们加入了多么强大的力量，结果碳、铁、硫都没有再产生出什么东西，永远就只是它们本身。"

喻儿表示不同意："但是我觉得会有和硫黄本身不同的东西从硫黄中分离出来的。你在火上放一些硫黄，就会有一种蓝焰和一些使人咳呛的气体产生。很明显，硫黄中分出了这种气体，但因为人们会因为它咳呛，而即使把硫黄移到鼻子边，人们也不会咳呛，所以硫黄的性质和它完全不同。"

"我的话你没有明白。我说的没有什么东西可以由硫黄产生，是说别的物质不会由它分解而来，并不是说别的物质不能和它化合。别的东西是能够和它化合的，不但能使人咳呛的气体可以由它产生，很多别的东西也可以由它造成，为我们熟知的硫化亚铁便是最显著的例子。你们听我说，当物质燃烧的时候，另一种我们看不见的包围在四周大气中的物质就和它相化合。硫黄燃烧的时候发出蓝焰，就表示大气中那种物质在和它化合，结果那种使人咳呛的气体就产生了。"

"那么硫黄没有这气体复杂吗？"

"对。"

"一定是由两种东西造成了这气体，硫黄是一种，你所说的包含在空气中的东西是另一种，而硫黄，就仅仅是硫黄自身造成的。"

"是的。无论试验什么方法，绝不会像铁和硫黄可以由破瓶子里的黑色粉末分离出来、碳可以由面包中分离出来一样，有不同的物质由硫黄分解而来。诚然，许多比硫黄自身更复杂的物质可以由硫黄造成，但是比自身简单的物质是绝不可能由它生成。所以硫黄被我们称为'单质'。意思就是说它已经分到极致，再也分不了了。很多物质不是单质，比如水、空气、一块卵石、一段木头、一株植物或一只动物。我们应该牢牢记住这一点。"

"和硫黄是单质的理由相同，碳和硫都属于单质：除了别的物质能和它们化合成复杂的东西，任何更简单的物质都不可能是它们分解来的。无论在地上、地下、水底、天空，属于动物、植物还是矿物，自然界中的一切物质都曾被化学家逐一精确地实验、研究和分析，结果已经发现有九十多种这种不可分解的元素，我们刚才说到的铁、硫和碳，就属于这九十多种元素。"

爱弥儿问："那这么多单质你要全部告诉我们吗？"

"不告诉你们全部，我只讲几种比较重要的，因为一大半的单质，都和我们没什么关系。而且，除了我们刚才说的铁、硫、碳这三种单质以外，有很多单质你们自己早已经知道了。"

爱弥儿感到奇怪,问:"别的单质我也知道吗?我不觉得我有这么聪明呢。"

"不是,其实你知道,你不知道的只是它们是不能分解的而已。实际上,你们头脑里装的东西比你们知道得多;所以我的意思是,你们这种杂乱的观念应该被理清楚。但是我宁可让你们自己去猜想你们已经知道的东西,也不会直接将答案告诉你们的。但有一个要点我可以告诉你们,就是:大部分我们通常称为金属的东西都是单质。"

"我想我明白了。那么金、银、铜、锡、铅等都和铁一样是单质。"

"但是你还没有提到一种非常普通的金属。再想一想!这种东西经常用来做印刷上用的图版。"

"让我想一想,印刷上用的图版——哦,是不是锌啊?"

"是的。但这些还不是全部的金属,除此之外还有包括一些性质很奇怪、不供一般用途的金属。我会在有机会的时候再提出来和你们讨论。但是,现在我们可以先说说其中的一种。这种金属像融化了的锡,是流质的。它和银的颜色一样,被装在寒暑表的玻璃管里时,会随空气温度的高低升降。"

"哦,一定是水银!"

"对。不过它的学名应该是汞,水银只是它的俗名。使用名词'水银',很容易使人产生误解。虽然它和银的外貌相似,但它们的性质是完全不同的。"

"这样看来,水银和金、银、铜、铁等一样,也是金属吗？""对，它只有一点和别的金属不同：水银只要有平常温度，即使在严冬也足以成为流质；铅必须用炙热的炭火才能融化；至于铜，特别是铁，就一定要用最热的火炉才行。但是如果把水银冷却到一定的温度，它就会变硬，和银的外观一样。"

"所以，可以用它来做货币吗？"

保罗叔叔说："当然可以，只是这种货币一放进衣袋就会立刻融化，还怎么能称其为货币呢?

"金属之间颜色的差别很细微：白的是银和水银，锡稍次，铅更次，黄的是金，红的是铜，至于其他像铁和锌的金属，是灰白色的。一切金属都有金属光泽，也就是说它们都有闪耀的光彩，尤其是才擦干净了的。虽然金属都有光泽，但是有光泽的东西不一定都是金属，这点你们应该注意。比如有几种昆虫的翅鞘和某类石子，实际没有金属在内，却都有金属一样的光泽。

"比如硫和碳等其他单质，都没有金属光泽，甚至还有和空气一样是透明无色的几种非常重要的单质。这种单质通常都被称为非金属，它们的外形显然和金属不同。碳和硫都是非金属。非金属的数目不多，仅22种，其中还有几种不为一般人所听说，却在化学上负担着非常重要的任务，非金属是我们四周大部分物品构成的主要原料。就像建筑物需要砖石、水泥，自然物需要非金属。在这些重要物质中，有一种名字恐怕你们都没听过的气体，叫作氧，要是没有了它，我们立刻就会死亡。"

爱弥儿叫道："哦，这么奇怪的名字！我之前从没听过。"

"你们听说过氢、氮这两种非金属吗？"

"都没有听说过。"

保罗叔叔说："如我所想，你们没有听过。氢和氮都是很有用的非金属，它们在不引起公众注意时就悄悄地完成它们指定的工作。

"像以上所说的氧、氢、氮这三种物质虽然都很有用，但因为它们和空气一样都是无色透明的气体，所以都不为一般人所注意。而且，因为它们总是隐藏在化合物中，所以只有用比较高深的科学方法才能知道它们的存在。因此，即使这些物质在自然的永久剧中饰演着主要的角色，我们也仍然对其一无所知。"

"它们是很重要的，对吗？"

"对的，很重要。"

"有黄金重要吗？"

保罗叔叔说："它们不能相比较。黄金能代表劳力或物资的价值，对于人类当然是很有用的。它可以铸成货币，作为工商业上的劳力和物品交换的媒介物，流通于市场。然而，如果让地球上所有的黄金都消失了呢？结果也不会产生多么重要的问题。以金作为货币的国家，感到周转不灵的银行，暂时纷乱的商业，也就仅此而已。过不了多久，一切都会渐渐恢复到跟以前一样。但是，如果让上述非金属，氧、氢、氮中的氧全部消失了呢？到那时，地球上上至最大的动物，下至极小的细菌，一切生物都会被立刻闷死。地球上就只剩下一片死寂的荒土，将永远没有生命。这情形要远远严重于银行家的不便和商人的烦恼。

"所以黄金对于人类来说，并不负有多么重大的责任，就算它完全消失，也不会对自然界的秩序造成影响。至于氧、氢、氮，对于人类社会却有着非常重要的作用，任何一种的缺失都足以让生活不再可能，使自然界失去常态。因为碳的重要性也不亚于氧、氢、氮，所以一切生物所必不可缺的物质除了这三种外，碳也必须算上，一共四种。"

喻儿说："那么你能不能让我们听听氧、氢、氮这三种物质的性状呢？"

"当然可以。现在听我说。因为说起来会很长，所以，现在我先把你们将来都必须知道的另一种非金属物质提出来说一说。这种被罩着一层蜡在红头火柴上的物质，一旦被摩擦就会发火。如果它被你放在暗室中单独摩擦，就会发出一种淡淡的光。"

"那肯定是磷。"

"对，就是磷。它也属于非金属。现在让我们来总括一下以前所说的。简单地就外观区别，自然界的90多种单质可以分为两类，金属和非金属。特别地具有一种被称为金属光泽的闪光的是金属。除了金、银、铜、铁、锡、铅、锌、汞这8种你们已经知道的之外，等我有机会了再说几种你们必须知道的。金属一共有70种，非金属一共只有22种，相比之下，金属的数目要少得多，❶你们学

---

❶ 本书写于对化学元素认识比较有限的 20 世纪初。现在，已经有 112 种没有所谓金属光泽的天然元素和人造元素被科学家发现。

了物理学以后就会知道这一点，然而不是单质的物质中就有空气。它是由氧和氮占主要成分的几种气体集合而成的混合物。以后，我可以用实验来给你们证明这个事实。

"水既不是一种单质，也不是一种元素。我可以在适当的时候替你们证明它是氧和氢的化合物。

"土这个字又含着怎样的意义呢？显然是指造成地球固体部分的混合物，它是由砂、泥、岩石等各种矿物质集合而成的。所以它是含着各种元素的东西，而不是一种元素或者一种单质。一切的金属和非金属都可以从土中获得。因为土中可以获得一切单质，所以就现代的知识来看，自古以来承认的四种元素，没有一种可以说是单质或者元素。"

名师点评

　　把纯净的物质简单混合在一起可以得到混合物，混合物中各物质（纯净物）都保留各自原有的性质。纯净物又可以根据其元素组成分为单质和化合物，由单种元素组成的纯净物称为单质，由两种或两种以上不同元素组成的纯净物称为化合物。铁元素、硫元素和碳元素都是常见的化学元素，它们可以构成物质的铁单质、硫单质和碳单质，并且呈现出自己独有的物理性质（如颜色、状态、密度、熔点、沸点、磁性等）和化学性质（比如可燃性）。

　　根据元素组成，单质可以分为金属单质和非金属单质，除了汞（Hg）在常温下是液态——它是唯一的常温下是液态的金属，因此我们也把它称为水银——金属单质大多数都是固体，有特定的金属光泽。除了金是黄色、铜是紫红色以外，其他的金属大多是银白色。金、银和铜是常见的货币金属，因为性质稳定，在各个时期各个国家都被铸造成货币，承担着人类贸易中的一般等价物的功能。非金属单质有固体、液体和气体，常见的碳、硫和磷等就是固体非金属单质，溴是唯一的液体非金属单质，氢气、氧气、氮气等就是常见的气体非金属单质。这些单质之间互相化合反应，就会产生种类繁多的化合物。

化合物

第五章

泥水匠可以用砖石、水泥等材料随意建造住宅、桥梁、工厂、亭台、寺观等建筑，这些建筑的材料虽然相同，而形式、目的却完全不一样。同样地，自然界也仅仅用了九十多种元素，就能造就动、植、矿三界中的一切物品。所以，只要一种物品原本不是单质，那么它就可以分解为金属或非金属，或金属与非金属两者的结合体。

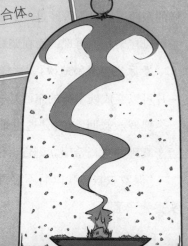

"泥水匠可以用砖石、水泥等材料随意建造住宅、桥梁、工厂、亭台、寺观等建筑，这些建筑的材料虽然相同，而形式、目的却完全不一样。同样地，自然界也仅仅用了九十多种元素，就能造就动、植、矿三界中的一切物品。所以，只要一种物品原本不是单质，那么它就可以分解为金属或非金属，或金属与非金属两者的结合体。"

"那么所有物品都是由单质所组成的吗？"

"基本上是的，只是排除那些本来就是单质的物品。你们先想一下在各种元素中最常见的元素——碳吧。我之前告诉过你们，碳是组成面包的一分子。而且，你们自然也知道木头中有碳，这从烧焦了的柴薪中就可以看到。现在，这面包中的碳和柴薪中的碳是同样的东西，所以不管经过多少次自然的反复变化，在面包中的碳还是可以在柴薪中再现，而在柴薪中的碳也可以在面包中再现。"

爱弥儿很滑稽地说："这样说来，我们吃一片奶油面包，和吃一片可以变成硬木头的东西是一样的了。"

保罗叔叔回答说："这也难说啊。你的笑话，比你所想的更接近于真理，我真希望立刻告诉你们这个理由是什么。"

"保罗叔叔，我以后不愿再说什么了。我已经被你的单质弄得头昏脑涨了。"

"把你弄得头昏脑涨？那是绝不可能的。一个新的真理之光，也许和强烈的阳光会使人头晕目眩一样，暂时会使你感到迷乱。如果我们继续讨论下去，一切就都会逐渐变得明朗起来了。你们再想一下，碳有没有在栗子、苹果、梨子等果实中存在呢？"

喻儿说："有的。如果栗子在锅中炒得太久了，就会炒焦，如果把梨或苹果遗落在火炉上，也会被烧焦的。"

"没错！被烧焦了的栗子、苹果或是梨，和柴薪、面包中的碳是同样的物质。这样说来，我们的确会吃可以变成柴薪的东西。现在你们对于这个问题还有什么不明白的吗？"

"单质，无论是金属或非金属[1]，都被称为'元素'。所谓元素，意即在自然界造成其他种种物质的不可分解的或原始的物质。"

喻儿插话道："但是，保罗叔，我曾经读过一本书，书上说，自然界元素的种类，不是九十几种，而是只有四种——土、空气、火、水。"

"那本书上说的是古时候人们认为土、空气、火、水是四种不可分解的物质，一切物品，都是由这四种物质构成的，但这是一种错误的见解。随着科学的进步，现代科学认为这四种物质都不是单质。"

"第一，火——也可以说是热——根本不是一种实体的东西，而我们可以衡量一切被称作为物的东西，所以我们不能认为它是单

---

[1] 最重要的非金属为氧、氢、氮、碳、硫、磷，前三者系无色透明的气体。

质。比方说我们可以说一立方米的氧、一千克的硫，但是我们假设说一立方米的热，或者一千克的暖，那就十分不通了。这就好像用秤来称、用斗来量小提琴上拉出来的音调一样地不通。"

喻儿接着说："一斤 E 高半音，一斗 E 低半音，真有趣！"说着哈哈大笑起来。

"那么，为什么不能用秤来称、用斗来量音调呢？因为音调只是从发声体发出的由连续的声浪传到我们耳鼓上来的一种运动而已，它不是物质。热和声音相似，也是运动的一种特别方式。对这个有趣的题目，我只能说到这里为止，以防我们可能把化学的本身都忘记了，因为要详细地解释它，会导致费时太多。现在简单来说，热不是元素，因为它不是物。"

"至于空气，它又是可以用斗来量、用秤来称的另一种东西了。大概你们以前没有听说过人们可以衡量空气，但事实确实如此。"爱弥儿答道："我已经懂了，没有问题了。"

"你们还可以马上懂得更明白些。假设你将一块玻璃放在点着了的煤油灯的火焰上，就会看见玻璃上立刻出现了一层黑色的东西。"

"我知道，那就是烟炱。我就是这样将玻璃熏黑了用它看日食的。"

"这烟炱是什么呢？"

"它和木炭的灰很像。"

"其实它就是木炭，或者说碳。你们知道这碳是从哪里来的吗？"

"我猜测，它一定是从煤油里来的。"

"是的，它是从煤油里来的，是由煤油产生的火焰的热所分解出来的。自然而然地，这碳和别的碳毫无差异。和煤油灯一样，蜡烛点燃时也会生出烟炱，所以椰子油、棕榈油、牛脂油、羊脂油中也有碳。此外，树脂中也有碳，燃烧时生出黑色的浓烟，等等，这样的例子是举不胜举的。最后你们时常吃的肉我还要提出来说一说，一旦厨师不小心，把肉类熏的时间过长时会怎么样？"

爱弥儿大声回答道："会全变成木炭。"

保罗叔叔问："现在，你们从这里能得出些什么推论来呢？"

"我的推论是，肉类中也有碳，碳无处不在。"

"碳无处不在？错了。我们能说的只是，含碳的被火分解以后，会把碳遗留在灰中的物品很多，甚至是一切动植物制品。"

"一张白纸，烧了变黑，是不是因为其中也含有碳？"

"是的，孩子，因为纸是用棉麻、毛纺织物、破旧的布等制成的。"

喻儿问："有时候我看见在锅边上的比纸更白的牛乳的泡沫，都变成了黑色，那它是不是也含有碳？"

"是的，牛乳中也含有碳，好了，我们不需要再举更多的例子了。现在我想叫爱弥儿背诵一下他最近读的《拉封丹寓言》。"

"哪一则？"

"那一则关于雕刻师和丘比特石像的。"

"噢，我知道了。"

一块云石颇好看，

雕师见之心甚欢。

买归自问："将何作？"

神像，几案，抑石盘？

是宜雕作神貌庄，

手擎雷电放明光。

神点头时民战栗，

神之名今震万方。

背到这里，保罗叔叔叫停道："可以了，可以了。拉·封丹告诉我们，一个雕刻师心里琢磨着要把买来的一块很漂亮的玉石做成什么东西。但是最终这位雕刻师却愿意把这个本来可以被做成神像、几案、石盘等的玉石，做成了一个神像。自然界中万物生成的情形也如这般。比如，我们可以在泥土里面种一颗萝卜、一丛麦子，也可以种一株玫瑰。在土壤中都会有一些为植物所需要的碳。假设我们现在决定种一株玫瑰，于是这些碳就供养了这株玫瑰，变成了玫瑰花的一部分。但是如果我们没有种玫瑰，反而种了萝卜或麦子，这些碳也会变成萝卜或麦子的一部分。"

爱弥儿问："不过玫瑰花中除了碳之外，还有没有其他的东西呢？"

"当然有啊，不然的话碳依旧是碳，不会变成其他的什么东西。它变成玫瑰花是因为和别的单质化合了。其他含碳物品的形成，也是类似的。"

喻儿总结了叔叔的话，概括起来说道："这样说来，在面包、牛乳、牛脂、羊脂、煤油、果实、花、棉、麻、纸甚至许多其他东西中，碳和其他的各种元素都是存在的。这种元素不管是在花里、蜡烛里、纸里，还是在木头里，性质都是同样的金属或非金属，永远不会改变。然而，我们的身体是否也是由这些东西构成的呢？"

"谈及构成人体的东西，它的成分同样也是金属与非金属，和其他物品是没有差异的。"

爱弥儿惊诧道："什么！有金属在我们的身体中吗？难道我们的身体是矿藏吗？可是我们都不可以吞铁蛋，就像卖艺人那样，我才不相信这是真的。"

"我们的身体里确实含有和卖艺人所吞的一模一样的铁。一旦我们的身体中没有了铁，我们甚至不能生活——就是这铁使我们的血液变成红色的。"

"可是，即使是这铁让我们的血液变成了红色，那也并不意味着我们可以把铁当成食物，就算是卖艺人实际上也不能吃铁，他们只是在玩把戏罢了。那么究竟是从哪里来的染色物呢？"

"这些都是从食物中得来的，类似于我们身体中所需要其他元素——碳、硫，等等。你们觉得，难道只有铁不会像别的物质——硫黄之类，与其他元素化合而变形吗？医生往往叫那些面色苍白、营养不良的人吃含有铁质的药粉或药水。这当然和吃铁蛋不一样，但也是吃铁啊。"

爱弥儿道："现在我终于相信你说的话了，你再讲一点儿别的东西吧。"

保罗叔叔说："我还没有完全说明白呢！你不能把人的身体当成矿藏。虽然人体中需要的金属，不仅仅只有铁，还有其他好几种，但是一共也就这么几种。为我们所熟知的金、银、锡、铅、汞等金属，人体与动植物都不需要。而且，如果铅和汞这样的有毒金属跑到了人体中，是会导致人死亡的。而对于铁来说，人体中只要有很少的分量就足以使血色变红，出现其他的特性——事实上，如牛那样大的动物，它血液中的铁的含量，连一只钉子都做不成呢。再说，假如我们要提炼血液里的铁来炼制成一只钉子，是需要极大的工作量的，而这只钉子将会价值连城。但是我要跟你们讲清楚，那就是凡事都有可能。

"依你们现在的知识来看，应该能明白单质可以通过不同的方法化合出很多性质各异的其他物质。我们之所以将这种物质称为'化合物'或'混合物'，是因为它是由多种元素组成的。水是一种化合物，同样地，面粉、木材、纸、煤油、脂肪、松脂等，也都是化合物。水是由氧和氢组成的，至于氧和氢的性状问题，我一会儿就可以和你们讲清楚。剩下的几种化合物中除了氧和氢之外，还有大量的碳。

"可以说化合物的数目是不计其数的。不过这些化合物，全部是由九十多种单质中的若干种化合而成的。而且有很多单质，用处少到一定程度——不管有没有它们，万物的总数都不会受到影响。

黄金便是这种次要元素中的一例。简单地说，自然界的大部分物品都是由十几种单质组成的。"

喻儿继续问道："但是我还有一个问题。既然化合物的总数是无限的，那么为什么造成这些化合物的单质却只有九十多种呢？而且，更使我迷惑的是，为什么你说自然界的大部分物品都是由十几种单质组成的呢？"

"我早就预料到你们会产生这样的疑问。所以你们即使不问，我也会告诉你们这个道理的。现在我要通过一个类似的例子来帮助你们解决这个问题。你们试着想一下，我们的26个字母可以组成多少个词？"

"哦，那个我可说不明白。我没有具体算过，即使是最小的词典也有很多的词。我们假设它有一万个词吧。"

"好吧，就假定它有一万个词，这本来也不需要准确的数目。不过你们需要注意的是，我们现在所说的字母只是相对于我们自己的文字而言；实际上这些字母，还可写成全世界无论是过去的、现在的还是将来的很多国家的文字。不用说，不仅仅是拉丁文、英文、意大利文、西班牙文、德文、丹麦文、瑞典文等，还有希腊文、印度文、阿拉伯文以及许多方言土语，都是由这26个字母拼成的。现在如果我们把这么多字一起算来，你们觉得一共会有多少字？"

喻儿道："那肯定不只是几万，而是几百万了。"

"现在我们来做一个算是很恰当的比喻——将这26个字母当作

单质，将这些数不胜数的词当作化合物。每一个有着特别的意义的词都是由几个字母按照一定的排列顺序合并起来的，同样地几种单质按照一定的顺序排列起来，就化合成了一种有着独特的性质的化合物。"

喻儿插话说："那么，单质是组成物品的元素，就像字母是组成词的元素一样了。"

"没错，孩子。"

"那么，化合物的数量一定和世界各国语言中的单词数量一样多了。但是我一直认为字母所产生的变化会比较多点。因为字母有26个，又根据你说的，组成大部分化合物的元素最多只有十几种。26个字母的组成自然要比十几种元素的组成要多些。"

保罗叔叔说："你们需要注意一点，那就是就算字母的数目减少了很多，最终还是能代表所有的语言，试问k、q和刚音的c有什么区别？没有啊。三者中只有一个是必要的，其余的两个甚至可以去掉。类似地，柔音的c与尖音的s一样、x与ks一样、y与ys一样。你们可以看到，将那些声音重复的字母去除之后，最终仍旧可以组成无数不同的词。不过我不得不承认，即使字母被去掉了很多，事实上它的数目还是要比组成大部分化合物元素的数目多。但是，就结合的方法而言，元素却比字母要方便得多。

"我们通常要用好几个字母组成一个词。比如一些又长而又难读的词语，我们必须屏住一口气才能读完它。但化合物就不需要那么多种类的元素，一般只含两三种，含四种元素的都很少。只要你们想象一种用两三种或四种字母组合而成的文字，就能够得到元素化合成化合物的概念了。硫化铁和水都是由两种元素化合而成的，油含有三种元素；动物的肌肉含有四种元素。含两种元素的化合物称为'二元化合物'，含三种元素的化合物称为'三元化合物'，依此类推，含有四种元素的化合物称为'四元化合物'。

"既然化合物只由两三种或四种元素化合而成，那么为什么它们的变化是无限的呢？要解释这一点，我们可以以 rain 这个词为例。假若我们用别的字母来代替它的第一个字母，就可得到 gain、lain、vain、wain、pain 等词。同样地，fin 就可以变成 tin、din、sin，可见要使整个词的意义完全改变只要改变这词中的一个字母就可以了。化合物的变化也是如此：用另一个元素代替化合物中的一个元素，则整个物质的性质就完全改变了。

"而且还有一种可以使化合物生出更多的变异的变化呢。就好像同样的字母可以在一个单字中重复用若干次，同样的元素也可以在许多化合物中重复使用若干次。它可以重复两次、三次、四次、五次，甚至于更多的次数，每一次重复都会产生出一种具有特殊性质的化合物。在字典中是找不到类似的案例的，因为我们不能让我们的文字屡屡重复一个短词中的字母。但我们可以假设有 ba、bba、bbba、bbbba……这样的一连串词，再假定这些词各有一个特别的意义。那么通过这个比喻，你们就可以明白化合物是怎样变异的情形了。"

喻儿说道："如果化合物是这样化合的，那么只要十几种单质已经足够了，化合物自然就会有无数的种类了，一个元素的变化，一个元素的重复，都会产生无数的化合物。"

保罗叔叔问："爱弥儿，你怎样认为？"

"我觉得喻儿的话很有道理，十几种元素的确会化合成很多的化合物，不过我却不是很明白，ba 和 bba 为什么会不同。"

"那让我来给你们说一个例子吧，怎么样？"

"那是最好不过的。我想就是喻儿也会大开眼界呢！"

"很好，使你们满意还是很容易的。"

保罗叔叔一边说着一边从一只抽屉里拿出一样东西给他们看。这是一种金黄色的、放在阳光下会灿烂地发光的东西，它很重，依据它的亮光来看，会被错当作是金属。

爱弥儿看到这块漂亮的石子，诧异地叫道："这是一块硕大的黄金啊！"

保罗叔叔回答道："这东西被称为'愚人金'（中国人用以入药，称为'自然铜'，可作为无线电中检波用的一种矿石）。因为不知道的人都错以为它是黄金，还宝贝得不得了。但事实上它却不是什么值钱的东西，你可以在山上的岩石中找到许多这样的石子，可是就算你拾来了也换不到一分钱。书上说这种用刀背之类的钢铁打，会发出比燧石明亮几倍的火花的东西叫作黄铁矿。"

说到这里，保罗叔叔就用小刀给他们做实验看。然后，他继续说："虽然黄铁矿（或说愚人金）的色彩光泽和黄金相像，但其中并没有真正的黄金。而且，它并不是单质，而是你们所熟知的由铁和硫两种元素合成的化合物。"

爱弥儿惊疑地道:"难道那块类似黄金的东西,像人造火山中的丑陋的黑色粉末一样也是由铁和硫黄构成的吗?"

"没错,它就是仅仅由铁和硫黄构成的。"

"但是为什么它们会有区别呢?"

"因为愚人金里的硫是重复着的,才造成了这个区别。"

"就是将 ba 变成了 bba 吗?"

"是的。为了要说明这其中硫的重复关系,化学上将黑色粉末和黄铁矿分别称为一硫化铁和二硫化铁。"

"噢,原来是这样啊。谢谢你。叔叔,你给我们看的这漂亮的石子,让我们牢记化学上的 ba 和 bba 是完全不一样的两种东西。"

名师点评

新的元素在不断地被化学家发现和获得，到今天已经增加到了118种。每一种元素都可以直接组成它们的单质纯净物物质，也可以跟别的元素一起组成某些新的物质。单质的种类比较少，一种元素最多可能也就有几种不同形态和结构的单质，但是不同元素之间却能组成一万种的新物质。比如我们熟悉的水，就是有氢元素和氧元素组成。再比如，用铁、硫、碳三种元素对应的单质跟氧元素组成的单质氧气反应，可以得到氧化铁（Fe_2O_3）、二氧化硫（SO_2）和二氧化碳（CO_2），这些就是不同元素组成的不同化合物，氧化铁由铁元素和氧元素组成，二氧化硫由硫元素和氧元素组成，二氧化碳由碳元素和氧元素组成。而碳元素与氧元素的组合不是只有一种形式，可以是一氧化碳（CO），也可以是二氧化碳（CO_2），硫也有二氧化硫（SO_2）和三氧化硫（SO_3）两种氧化物。除此之外，还有三种、四种或更多的元素组成的化合物，比如铁元素、碳元素和氧元素可以组成碳酸亚铁（$FeCO_3$）。

元素是一个简单朴素的化学概念，它可以帮助我们建立系统的世界观。但这里说的元素并不是传统意义的"土""空气""火"和"水"，传统意义中的这"四大元素"只是受限于时代发展的一种错误认识，我们必须予以纠正。

元素是组成我们眼前这个缤纷绚烂物质世界的重要基石，它所组成的数以亿万计的不同化合物，像一砖一瓦打造出这个美丽迷人的世界一样。就像7个音符可以演奏出无数动人的韵律，26个字母可以组成成千上万的单词，一百多种元素同样也可以通过不同的组合方式，构造这个五彩斑斓、丰富多彩的物质世界。

第六章

呼吸的实验

自从孩子们见过那灿烂发光的愚人金之后，便经常谈起那东西。看见他们喜欢，保罗叔叔就给了他们这块石子，在阴暗的地方他们拿出来用钢铁打着，高兴地看它迸发出明亮的火花。并且在叔叔的指导下，他们决定在邻近的山上搜寻一些和这个一样的石子。搜寻的结果很理想，大大小小明明暗暗的各种黄铁矿石块放满了喻儿的架子。

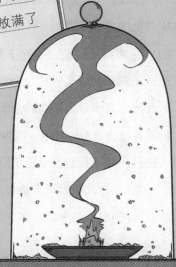

自从孩子们见过那灿烂发光的愚人金之后，便经常谈起那东西。看见他们喜欢，保罗叔叔就给了他们这块石子，在阴暗的地方他们拿出来用钢铁打着，高兴地看它迸发出明亮的火花。在叔叔的指导下，他们决定在邻近的山上搜寻一些和这个一样的石子。搜寻的结果很理想，大大小小明明暗暗的各种黄铁矿石块放满了喻儿的架子。有的是金黄色，四面平整，就像曾经有一个玉工把它雕琢过似的；有的形状千差万别，而且大都是青灰色。保罗叔叔告诉他们：前者是结晶体，大部分物质可以呈现规则的形状，在适当的状况下，依照几何学的法则将它光滑的面进行排列。这样的物质就呈结晶形。

他说："就这个问题，我们等将来有机会时再谈论。此刻我们应当把注意力转移到另外的事情上。以前，我们只是根据各种零散的事实来商量讨论，进而下判断。这是因为你们的头脑还需要训练，还需要熟悉某种概念和词义。可是现在的你们已经有了基础，因此我们要学一些正规的化学了，这就是说我们将做几个实验。我们将自己去观察：摸触、尝味、闻嗅和随时留心，这才是学习的唯一捷径。所以我们就要做我们的实验了。"

他们关心地问："实验很多吗？"

"你们想要多少就有多少。化学实验是没有数目的。"

"喔，那就好极了！我们永远不会讨厌做实验的。不知叔叔愿不愿意让我们自己像上次的人造火山一样也照样去做？要是这样就更为有趣了。"

"如果没有危险，我肯定会允许你们自己去做实验的；如果有危险，需要注意哪些事项我也会提前告诫你们的。因为我知道喻儿是很谨慎、很伶俐的，我相信他可以做得很好。"

听了这句话，那个年纪较大的孩子白嫩的脸上立时泛出一片红晕。

保罗叔叔说："现在我们要谈到空气这种非常重要的物质。空气在地球的四周包围着，其厚度达到70多千米，就是所说的大气。这是一种非常精微的物质，看也看不见摸也摸不到，猛然听来简直不敢相信它是物质。你们一定会困惑：'什么！空气竟然是物？空气有重量吗？'孩子，是的，空气确实是物质，空气的确有重量。借用精巧的物理器械我们就能够称量空气了，根据测算，一升空气的重量大约有1.293克。显然，这个重量和铅相比好像十分微小，但是把它与其他我们即将说起的物质相比较，却很可观了。"

喻儿惊奇地说："还有比空气更轻的物质吗？但是人家经常说，'轻得跟空气一样'，就像世界上没有比空气更轻的东西存在了。"

保罗叔叔说："别人虽然这样说，但是你们尽可以相信这个世界上确实有比空气更轻的物质，就像木头跟铅相比一样。因为空气是无色的，所以是看不见的。听清楚我的话：我说'无色的'和'看不见的'，是就少量的空气来说的，如果分量很多，这句话应用在这儿就不合适了。水可以帮助我们明白这个道理。水在杯子中或玻璃瓶中几乎是无色的，但是在湖中或海中，便因深浅不一而呈现出或浓或淡的蓝色。同理，无色的空气在聚集成极厚的一层时带有蓝色。就因为大气层极厚的原因天空才呈现蓝色的。

"既然空气是看不见的、难以感知的、极易逃逸的，所以拿空气来做精密的研究是非常困难的。如果我们检验空气的性质，就需要将定量的空气和其余的大气隔绝开来，在一种容器里密闭起来，使它能自由地向四面八方流出，能带往各处同时能暴露在某种状况下。总而言之，使它能驯服地顺从我们的控制，就像一块卵石一样。可是，我们怎样才能看见那不可见的、摸那不可感知的、捕捉那容易逃逸的东西呢？这是一个非常难以解决的问题。"

喻儿说："对我来说，这会是一个难题。不过我想叔叔总是会有解决办法的！"

"当然了，否则我们怎么讲下去呢？而且难以对付的不仅仅是空气一种。还有许多别的极重要的物质也和不可见的、不可感知的、容易逃逸的空气是一样的。如果现在的问题不解决，我们就无法了解这些物质；而化学作为近代工业之母，也就不可能进步到像现在这样。凡是像空气一样极精微的容易逃逸的物质，通常都称为'气体'。气体的一种就是空气。现在让我来告诉你们用什么的办法可以捉住气体。如果我们要收集从我们肺里呼出来的空气——也就是说，要收集从我们嘴里吐出来的气体。我首先要将一只玻璃杯没入水盆中，盛满水，倒立在水里。使杯子中的水能够凸起在水平面以上而不会流下来。关于这水为什么不会流下来，待会儿就会说到。现在我们就先进行我们的实验吧。你们可以观察到，我用一根玻璃管——如果在没有玻璃管的时候，可用它的代替品，如芦梗、麦秆等东西——在杯子底下吹气，空气就会从我的肺里出来进而使水中产生了气泡。因为空气质量是很小的，因此这些气泡都上升到杯底，占据杯子中水的空间。现在在这杯子里已经充满了我呼出的气，可以用来做各种实验了。"

爱弥儿看了说："啊，原来这是很容易的！"

"所有的问题差不多都是这样——不了解时觉得很容易，深入了解了反而觉得很困难。

"现在从我嘴里吐出来的气已经充满了这杯子。像这样地把不能看见、不能感知的东西收集来，的确是一件很奇妙的事。我平时鼓颊呵气，可从来没有看见过一些东西，但现在我却能看见你呼出的气从水中变成气泡而上升了。

"是的，通过这水的扰动，你们就像看见了本来看不见的东西一样。"

"此时水又静止了，我又看不到什么东西了，但是我相信在这似乎是空的杯子里实际上必然存在着一些东西：因为我看见有一些东西跑进杯子里把原有的水挤出去了。我认为保罗叔把他自己呼出的气充满在杯子里，十分有趣。我也想试试，可以吗？"

"肯定可以，但是你必须先把东西从杯子里拿出来。"

"如果把它拿出来，怎样拿呢？"

"就像这样拿。"

保罗叔叔一边说，一边拿住了杯底，把杯口的一边倾向水面，接着就有一些东西从杯口逸出，一种气泡出水的声音便产生了。

爱弥儿说："好了，保罗叔叔呼出的气已经扩散到空气中去了。"说着，他又把杯子装满了水，在水盆中倒立着，按照保罗叔叔的样子，在杯子底下用玻璃管吹气，高兴地注视着那些气泡一个一个地升到杯底去。

他呼出的气已经全部挤出了杯子中的水。他说："好了，装满了。保罗叔，我还要把我呼出的气用一个大瓶子盛满，你看行不行？"

"行啊，孩子，既然你高兴，你只管去做就可以了。"

一个广口的大玻璃瓶放在桌子上，是保罗叔叔放在那里的，准备做以后的实验用：爱弥儿在水盆里放下它，但却嫌水盆太浅，不能够像杯子那样完全浸在水里，接着再把它倒立起来。他说："啊哟，保罗叔，那水盆太浅了，我怎样才能把它倒立起来呢？"

"既然这样不成功，就要另外想一个办法了。看着我吧。"

保罗叔叔在桌子上放上瓶子，先将水注满瓶子，然后用左手把瓶口掩住，用右手执住瓶子，颠倒过来放到水盆里去。最后把左手抽出来，那瓶子便倒立在水中，没有一滴水流出来。

看了保罗叔叔简单的方法，爱弥儿欢喜地说："保罗叔，你好聪明，什么事情你都有办法！"

"孩子，我们需要有一点儿机智和技巧，否则我们怎么能用这些简陋的器械来做各种精密的实验呢？"

不过几分钟，那瓶子里已经吹满了爱弥儿呼出的气。然后，喻儿也照样实验了一下，接着保罗叔叔说：

"杯子里和瓶子里的水，为什么会在盆中水平面的上方凸起，而流不下来呢？有关这个现象，我现在应该说说清楚。不过此时我只能简单地说说，因为详细的解说是物理学方面的事，超出化学的范围了。

"我跟你们说，空气是可以和其他物质一样进行衡量的，至于空气的重量，我前面已经说过了，约为1.293克一升。这个重量的数目虽然微小，但是地面上的大气是45英里厚，这些大气如果一升一升地计算起来，那就很可观了。既然大气有重量，一定会把所有的重量从上下左右各方向压到沉浸在其中的物品上去。例如，它压到盆里的水平面上；这压力又由液体而传递到瓶口，托住瓶子里的水，使它在水平面以上凸起。

"我可以把一个很奇异的实验告诉你们，使你们相信这个事实。把水注满一个瓶子，把一张潮湿的纸贴在瓶口处，然后一手撤开瓶口的纸，一手把瓶子颠倒过来。这时马上把按住瓶口的手移去，一滴水也不会流出来，这是因为大气的压力从下方把瓶里的水托住了。关于瓶口的湿纸，只是阻挡了空气的窜入，以免整个液体流下来。"

孩子们好奇地问："我们可以进行这个实验吗？"

"当然可以了，我们马上就做吧！这里有瓶、纸、水，所有的用品统统可以用上。"

保罗叔叔把水注满了瓶子，在瓶口贴上湿了的纸：接着右手拿住瓶底，左手把湿纸抽出，小心翼翼地把瓶子颠倒过来，并且把左手移去。果然，一滴水也没有流出来。

爱弥儿看得一动不动，他说："奇怪啊！这张湿纸并没有把瓶口塞住，为什么水不会流下来呢？但不知道这样能支持多长时间？"

"只要你有耐心拿得住这

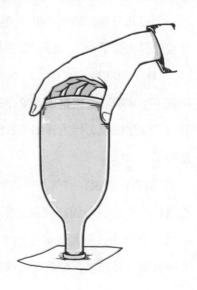

瓶底，它就永远不会掉下来。"

"可是这瓶子里的水是不是时时刻刻都有压下来的趋势呢？"

"是的，它时时刻刻都要压下来，只是大气的压力比水的压力大，所以它被托住了。"

"如果我们把那张湿纸抽去了呢？"

保罗叔叔说："那么这些水就马上流下来了。瓶口的湿纸是用来隔绝水和空气间的通道的，有了这张纸，水不会流到空气里去，空气也不能钻进水里。否则一来一去，空气正好占据了瓶中的水的空间，而把水完全挤了出来。如果把两根铁棒头对头地推起来，阻力当然会很大，互不相让。我们在水与空气之间隔上湿纸，便是如此。但是，如果这两根铁棒被做成了两束极细的针，接着再头对头地推起来，即将交互地穿插着，像没有湿纸隔开的水与空气一样。

"再说我们刚才收集气体所使用的瓶子；当它倒立在水盆里的时候，里面所盛的水被空气的压力托住，能凸出水平面以上，而不会流下来。现在即使用一只很高的容器来替代这瓶子，比如用一根很长的一端封口的玻璃管，把它盛满水，倒立在水盆中，试问这容器能否把其中的水支持在水平面以上呢？答案是：不可能。这玻璃管的高度要是只有约 10 米，里面的水还不至于流下来，但是超出了这个高度，在 10 米以上的部分就会变成空隙。因为大气的压力只能支持 10 米高的水柱的重量，如果水柱的高度超过了 10 米，它就支撑不住了。此刻我们所用的容器的高度都远远在 10 米以下，因此是绝不会流下来的。

"最后，我还要告诉你们从甲容器把气体移置于乙容器的方法。现在我就实验一下我们吐出的气体吧。我先照前面在甲杯里吹满气，再用乙杯盛满水，在水盆中倒置，使杯口刚刚没到水平面以下；接着将甲杯横下来，使它的杯口接在乙杯的杯口下，甲杯中的气体于是继续逸出，变成气泡升入乙杯中。

"你们肯定知道，移注液体，比如斟酒是采用漏斗的。有时候也用漏斗移置气体，然而化学上的漏斗，因为经常与有腐蚀性的各种液体相接触，所以是采用抗腐蚀性极强的玻璃来做的。现在我们仅仅移置气体，所以只用普通的洋铁皮漏斗也可以；不过我们如果能够准备一只玻璃的漏斗，那样会更好，更适合做化学实验。而且，玻璃具有一个优点，是铁皮没有的，即玻璃是透明的，我们可以在外边看见漏斗中所发生的变化。

"要是把任何容器中的气体移置于窄口的长颈瓶中，漏斗也是必需的用具。

"当然，这移置也要在水底下进行。其次，先在瓶中注满水，在水盆中倒立，再用一只手将漏斗从水下插入瓶口，然后照上面的方法进行，使原容器里的气体变成气泡，经过漏斗而进入瓶中。

"好了，今天就讲到这里吧。现在，你们可以自己来练习练习这种实验了。试着把你们呼出的气收集在一只杯子里，把这杯子里的气体移置于另一容器或者倒立在长颈瓶中。实验一下你们的手法，我不久将需要你们的帮助。"

名师点评

空气是我们最熟悉也是最简单的混合物之一，它看不见、摸不着，但是我们每天都在跟它打交道，它渗透在我们日常的呼吸吐纳和生活生产的各个方面。

我们要研究空气需要先收集空气，可以用排空气法进行收集。根据物理的大气压的相关知识，大气压力等于10.336米高度的水柱压力，因此装满水的瓶子倒扣在水槽中，可以保证水不外流，这就为我们用集气瓶排水法收集空气或其他难溶于水的气体提供了依据。我们可以通过向集气瓶中导入或吹入某种气体，来实现排水法收集，这也是我们收集气体和研究气体的主要手段之一。很多不适合用排空气法收集的气体，也可以用排水法来收集。比如，一氧化碳（CO）密度跟空气太接近且逸出对人体有害，我们没办法通过排空气法收集纯净的一氧化碳气体，又如，一氧化氮会与空气中的氧气反应生成二氧化氮，这两种气体我们都没有办法通过排空气法来收集。这个时候，排水法就是最好的选择。这种收集方法的另一个好处就是能够一目了然地看到，集气瓶中的水慢慢被空气赶出代替，也就是瓶内气体慢慢收集到满的过程。

第七章 空气的实验

保罗叔叔把一只非常深的碟子拿过来，用蜡泪粘了一支蜡烛立在碟子的中央。接着烛芯被他点燃了，并在上面罩了一个无色广口的大玻璃瓶。然后碟子里被他注满了水。就在这时，孩子们看着他，感到莫名其妙，相互交头接耳，对他在做什么样的实验感到困惑不解。

保罗叔叔把一只非常深的碟子拿过来，用蜡泪粘了一支蜡烛立在碟子的中央。接着烛芯被他点燃了，并在上面罩了一个无色广口的大玻璃瓶。然后碟子里被他注满了水。

就在这时，孩子们看着他，感到莫名其妙，相互交头接耳，对他在做什么样的实验感到困惑不解。但是没等他们迟疑多久，所有东西保罗叔叔都准备好了，他问："瓶子里面放的东西是什么？"

爱弥儿回答："是一只被点燃了的蜡烛。"

"除此以外没有其他东西了吗？"

"没有。我看不见除了蜡烛外的任何东西。"

"有些东西是我们不能够看见的，你们不记得了吗？你们不仅要用眼睛看，还必须用脑筋去想。"

爱弥儿因为保罗叔叔的话觉得有些难为情，但是他实在对这不可见的东西什么没有印象。这个时候喻儿却说："还有空气存在于瓶子里蜡烛燃烧的地方。"

爱弥儿说："但是空气没有被保罗叔放进去啊。"

保罗叔叔说："它还需要我放进去吗？空气早已充满了这个瓶子。我们所用的包括杯、瓶、壶、罐以及各种容器在内的一切器皿，全部就像水中放着的没有木塞的瓶子，沉浸在大气里面，充满了空气。我们说倒完最后一滴酒的酒瓶子是已经空了的。但是从严

格的标准来说，可以说是
空的吗？那一定是不可以
的，因为空气已经占据了
原来酒的位置，充满了从
瓶底到瓶顶的空间。所以
通常所说的空的东西，其
实实际上都不是空的。至
于要造成所谓的真空，这
件事虽然是可以的，但一
定要使用适当的用具才可以。"

喻儿说："你说的是空气泵吗？"

"对的，就是空气泵，密闭容器中的空气可以被它抽出来放逐
到外面的大气中。但是我这个瓶子还没有被空气泵抽过，和我们四
周一样的空气还是充满了其中。所以这蜡烛燃烧是在瓶内的空气中
进行的。现在，我为什么要把这个瓶子注满水呢？原因如下：我要
用瓶中的空气来做某种可以研究它自身性质的实验，所以为了使它
与大气中的其余空气相隔离，我们必须把空气装在一个密闭的容器
里。要不然，这个实验就无法完成。并且，我们也无法知道我们所
实验的空气究竟是大气中的哪一部分。因为在瓶口和碟底之间往往
会存在很细小的缝隙，导致瓶内外的空气依然能够自由地出入，所
以仅仅依靠这倒立的瓶子并不能够造成完全隔离。因为只有把这些
缝隙全部塞住才能防止这种弊端，所以我才在碟中注水。这水可以

起到两个作用，一个就是隔离瓶内外的空气，另一个就是作为指示计来反映瓶中发生的现象所起的作用。现在你们先观察瓶中所产生的反应吧。"

瓶中的蜡烛本来像在大气中一样燃烧得十分明亮。不过没多久，火焰变得越来越暗、越来越短，紧接着左右摇晃，有黑沉沉的烟雾产生，最后完全熄灭了。

爱弥儿惊讶地说道："快看！没有人吹这烛火，它自己就熄灭了。"

"等等，爱弥儿，我马上就要讲到这些了。你们先去看看我刚才说的指示计，也就是碟子中的水，有了什么变化。"

爱弥儿和喻儿小心翼翼地看着，就看见水慢慢上升接近瓶口，几乎完全占据了瓶颈部分空气的位置。

然后保罗叔叔说："现在你们有什么问题就尽管问吧。"

爱弥儿说："我想请你解释一下我的一个疑问。你要对着火焰吹一口气才能熄灭烛火。但是现在我们没有吹它，就算想要吹灭，也因为瓶子罩住而无法吹在火焰上。而且现在是没有风的，就算有风也不能吹进瓶子里面。那为什么这火焰好好地烧着，会越来越暗、越来越小，最后完全熄灭了呢？"

喻儿插嘴说："我也有一些感到疑惑的地方。开始时空气充满了这瓶子，但是现在碟子中的水却升上来占据了瓶口一部分的空气。我想不通瓶口这一部分的空气是怎么消失的，而它们现在在哪里。如果你不告诉我们原因的话，我一定会认为是烛火消灭了这一部分的空气。"

保罗叔叔说："那我们先来解答喻儿提出的问题，因为这个问题解决了，也就容易知道爱弥儿的问题了。观察到瓶子中有一部分气体已经消失了是对的：一个有力的证明就是水位的上升。但是不能把这一部分突然消失的气体说成是消灭了。我们如果仔细研究就会发现，这貌似消失了的气体实际上已经变成了其他的东西。"

"以前我说过的，当几种不同物质发生化合反应时，释放热量和发光就是化合而成的一种显性标志。"

喻儿说："我记得它被你称为祝贺化学结婚的彩灯。难道在瓶子里能够进行像这样的结婚仪式吗？"

"可以。这火焰不仅非常热，还发出光亮：可以知道这热和光的产生是因为那里在起一种化合。那么是什么物质在起化合呢？显然，被来自烛芯的热所融解的烛脂是其中的一种，而因为除了烛脂和空气，这瓶子里别无他物，所以只有空气是另一种的来源。有一种既不是烛脂，也不是空气，它的性质和烛脂、空气都完全不同的新的东西从这一个化合中产生。由此产生的化合物和空气一样是一种不可见的物质，所以它不能够被我们发现。"

喻儿反问说："如果这一种新的气体是由烛脂和空气合拢来造成的，那么消失的空气的原来的位置就应该由这新气体占领，而这瓶子就应该满得跟以前一样。但实际上并不是这样，为什么碟子中的水又升到了瓶口呢？"

保罗叔叔说："等等，我们马上就要说到了。就像糖和食盐很容易在水中溶解，我们所说的那种化合物也是非常容易溶解在水中的。一旦糖和食盐在水中溶解，它们马上就会消失不见，只有水中的甜味或者咸味是我们能指出它存在的证据。一样的道理，刚才烛焰产生的气体也进入水中并与之结合在一起了。你们在夏天喝的一种溶有气体的液体，就是汽水，有多得简直不能再多的气体溶在这种液体里，所以一旦在开瓶盖和倾注的时候震动，就有溶解着的气体变成的气泡争先恐后地逸出，根本制止不了。汽水中的气体和烛焰所制成的气体是完全相同的。现在我没有时间细讲这个有趣的题目，等过几天再说吧。

"既然这由烛脂和空气化合生成的化合物能在水中溶解，那么当然会有一些空位留下：于是大气的压力作用在碟子中的水上，水就升到瓶颈的空位上占据着。所以可以从水上升的高度看出消失了的空气的体积。"

爱弥儿说："你看，这水升得只和瓶颈相齐，并不高。""那就是说只有极少的空气被烛焰烧掉了——假设全瓶容积的1/10被上升到瓶中的水占着，那就是说有全瓶容积1/10的空气被烛焰烧掉了。"

"既然还有许多空气留在瓶子中，那么为什么这些空气没有被这烛焰全部烧尽呢？现在瓶子里的空气还是透明的、不可见的，没有一点烟雾，我不明白它和刚才瓶子里的空气有什么不同。"

"好，我现在来回答你的问题：为什么不吹这烛火就会熄灭？烛脂和空气中的某种气体相化合，才产生了烛焰。对于火焰的成立，烛脂和空气的重要性是相同的。一旦缺了其中的一种，那么火焰就会熄灭。因为没有燃料就没有火焰，所以很显然，烛脂是必要的。但是你们也许会对空气的必要产生疑问。不过你们应当可以根据刚才看到的实验推想出来，就是：烛火一定是因为缺少了什么东西才会不吹自熄。"

"我明白这个道理了。因为既没有人吹它，又没有风，所以肯定是因为缺少了什么东西。那么是什么缺少了呢？"

"因为空气本来就是这瓶子里唯一的东西，所以缺的一定是空气。并且空气是使火焰继续燃烧必不可少的东西。"

"但是仍然有很多的空气在这瓶子里啊，而且比刚才少不了多少。"

"这话当然很对，但是我要告诉你。空气是由好几种不可见的气体物质混合而成的，而不是单纯的一种物质，其中有两种占空气全体的分量最多。其中能够帮助火焰燃烧的一种分量比较少，不能够帮助火焰燃烧的另一种分量却比较多。因此火焰会随着瓶子里前一种气体的缺少而熄灭。"

喻儿说："现在我已经完全懂了。火焰是因为没有了那能够助燃的气体才熄灭的。另一种由于这种气体和燃烧着的烛脂化合而成的不可见的气体，在水里溶解，于是它的空位就被碟子中的水升入瓶中占据了，而烛焰的燃烧当然就是因为现在留存在这瓶子里的那种不助燃的气体而停止了。"

"虽然你的解释算对，但是还要再修正。实际上因为所有的助燃气体不能被烛焰的力量完全用尽，所以瓶子里还有些剩余，只是剩余的分量太少以至于不能使烛火继续燃烧而已。现在我们只能做到这样为止，过几天我们还要将这剩余的助燃气体也想办法完全除去。"

爱弥儿说:"如果我们现在再在这瓶子里放一个点着的烛火,它会熄灭吗?"

"肯定会熄灭,而且会差不多和浸入水中一样很快地熄灭。既然之前的烛火都熄灭了,你怎么能希望再放进去的烛火会燃着呢?"

"但我还是想试一试。"

"可以,试一试自然行。"

保罗叔叔一边说一边拿了一个蜡烛头,把它插在一根弯成钩状的铁丝上。然后他将右手放进水中把瓶口掩住,左手小心地把瓶子提起,拿出水来直立在桌子上,同时撤去掩住瓶口的右手。

爱弥儿看了,问:"瓶中的气体不会因为你把手拿开了而逃出来吗?"

保罗叔叔说:"因为这种气体和空气的重量相同,所以它不会逃出来。如果你担心,那么我们就拿这个来当盖子吧。"

一块从窗户上拿下来的玻璃就是所谓的盖子。保罗叔叔一边说一边随手把它拿起来盖住瓶口。

他说:"可以了,现在我们继续做实验吧。"

于是他在那插在铁丝上的蜡烛头被点燃并且炽燃后,把瓶口的玻璃揭开,再把它轻轻放入瓶中,只见烛火马上就熄灭了。再来一次,也是同样的结果。

"好,现在你相信了吗?你可以自己来试试,在经过自己实验后你就会满意了。"

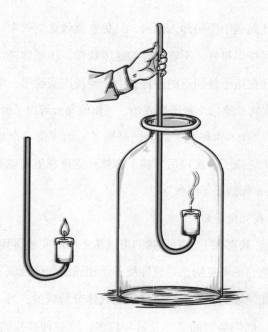

爱弥儿把蜡烛头拿起来开始实验，烛火被他非常小心、非常缓慢地轻轻地伸入瓶子里，他以为这样可以使它不熄灭。谁知道却完全没有效果。他用心地实验了好几次都失败了。

爱弥儿感到厌倦地说："会不会是有点因为这瓶子的关系，烛火伸到那里去才不能燃着？由于瓶子太小而没有足够的空间，是不是烛火熄灭的原因呢？"

"有这个疑问是必然的，但是我马上就可以向你解释清楚。你看，这一个瓶子其中也充满着和我们四周一样的空气，并且和刚才的瓶子的大小、形状都一样。现在你再来做刚才的实验，但是用这个瓶子。"

爱弥儿向瓶中慢慢伸入烛火，只见它就像在空气中一样，没有熄灭，而且烧得很好。不管你伸的速度快慢，还是伸进停在瓶口或瓶底，都和在瓶子外面点的一样。由于他屡次实验第一个瓶子都失败，而屡次实验第二个瓶子都成功，这使他完全解决了所有的疑团。

他说："我不再疑惑了。我已经懂了，由于第一个瓶子里的空气在被烛火燃烧了一次以后，就没有烛火能再在里面燃着了。"

"那么，你信服了吗？"

"对，我完全信服。"

"那么，我再往下说吧。我们可以从上面的实验得到一个结论：由两种无色、不可见的，并且性质各不相同的气体合成了空气的一大部分。能使烛焰旺盛、燃烧猛烈的气体分量较少；另一种不能使烛焰旺盛、燃烧猛烈的气体分量却较多。第一种被我们叫作'氧'（或氧气），第二种被称作'氮'（或氮气）。它们都既是单质，又是非金属。而这两种气体的混合物才是空气，所以空气不能像前人称的那样被我们称为元素。空气被证明不是元素而是混合物的这件事，发生还不满两百年。"

喻儿说："在倒立在水中的瓶子里放入烛火燃烧的方法非常简单，为什么以前人们研究空气的时候不知道用这个方法？"

"虽然方法简单，但是这个简单的方法要被人们想出来，却很困难。"

名师点评

空气是无色无味的，充盈在我们生活的空间中，其主要成分是78%的氮气、21%的氧气和不到1%的其他气体（包括极少的二氧化碳和更为微量的稀有气体等）。这些气体在空气中形成较为稳定的比例，且各自保持着自己的性质。

可燃物在燃烧的过程中，会消耗空气中的氧气。保罗叔叔把点燃的蜡烛放在碟子中，上面倒扣一个无色玻璃瓶，然后将碟子和玻璃瓶的缝隙用水液封。当蜡烛不断燃烧，消耗原来无色玻璃瓶中的空气，大气压大于瓶内气压，就会把碟子中的水压入玻璃瓶中，导致玻璃瓶中的液面不断升高。类似于连通器的原理，通过观察玻璃瓶中液面的上升，我们就可推测出玻璃瓶中的氧气正在被消耗。当玻璃瓶中的氧气含量下降到不足以支撑蜡烛燃烧的时候，蜡烛就会逐渐熄灭，这时无色玻璃瓶中的主要成分是氮气和燃烧后剩余的少量氧气。

蜡烛的主要成分是长链烷烃脂肪烃，这是一种从石油中提炼的有机物，含有碳、氢和氧三种元素，燃烧之后会生成二氧化碳和水蒸气，如果不完全燃烧可能还有一氧化碳生成。保罗叔叔通过设计实验，进行燃烧之前和燃烧之后的空气对比，前者能支持蜡烛燃烧，后者不支持蜡烛燃烧，这样的实验叫对照实验。通过对照实验得出结论：空气（主要）是由两种无色、不可见的，并且性质各不相同的气体组成——能使蜡烛燃烧旺盛、猛烈的气体是氧气，我们称之为助燃气体，另一种不能使蜡烛燃烧旺盛、猛烈的气体是氮气，氮气是一种不助燃的气体。空气是一种由不同气体组成的混合物，而不是传统观念意义上的一种"元素"。

空气的实验

（续）

蜡烛的火焰只要微风一吹，就会马上熄灭，非常荏弱。因为它很荏弱，所以即使它在瓶子里不会受到气流的影响，瓶中氧也不能被它全部摄取。所以火焰也随着氧元素的逐渐减少而变得暗淡，一直到完全熄灭。烛焰可以被我们比作一个食量很小的客人，而他面前的一餐饭菜被他吃得剩了许多。

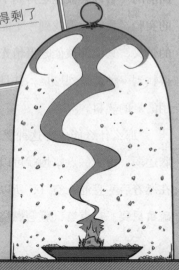

　　"我们刚才所做的把蜡烛放在倒立于水盆中的瓶子里燃烧的实验，不仅过程很简单，而且又很容易置备所需的用具。但可惜的是这个实验并不完整。它告诉我们空气是由能够使火焰旺盛的氧和不能够使火焰旺盛的氮这两种不同的气体组成的；但是由于烛火熄灭后所剩余的气体中仍然含有相当分量的氧，并不是纯粹的氮，所以这个实验并不能告诉我们空气中氧的分量以及氮的分量。

　　"蜡烛的火焰只要微风一吹就会马上熄灭，非常荏弱。因为它很荏弱，所以即使它在瓶子里不会受到气流的影响，瓶中氧气也不能被它全部摄取。所以火焰也随着氧元素的逐渐减少而变得暗淡，一直到完全熄灭。烛焰可以被我们比作一个食量很小的客人，而他面前的一餐饭菜被他吃得剩了许多。所以，如果我们要做一个完整的实验，我们就得找到一个能把他面前的一餐饭菜吃得除了不能吃的骨头，其他都被他吃得精光的食量很大的客人。也就是说：我们得找到一种能猛烈燃烧，并且能摄尽瓶中所有的氧，只剩下那些没用的氮的燃料。

　　"那么什么能成为这种燃料呢？煤可以吗？不行，其实煤比烛脂还弱，由于一点蜡烛就可以燃烧了，而煤不仅需要引火物，还要在燃着后一直通入空气，所以它不能用来做这个实验。硫黄行吗？硫黄只要一被点着，就会燃烧得十分猛烈，而且它摄取氧的力量的确非常大。但是它也有一燃烧就放出难闻烟雾的这个缺点，当我们不能找到更好的燃料时，这个实验就可以用它来做。现在我问你们一个问题：'除了一种助燃的物质外，在红头火柴的上头还有什么东西是易燃的？'"

两个孩子异口同声地说："磷！是磷！"

"对，就是磷！红色火柴属于摩擦火柴，现在也有被改成别的颜色的摩擦火柴，还有些火柴头上用磷的化合物而不用磷。只要轻轻摩擦，磷就能起火，它不仅极易燃烧，而且它的燃烧能力强得几乎没有别的物质可以比得上。我们要找的食量最大的客人就是这磷。在做实验之前，我们应该先清楚地知道它的性质。因为只是以前在红头火柴上见过，所以你们是不太熟悉磷的。"

爱弥儿说："为什么你不说黑色火柴而总说红色火柴呢？难道黑色火柴里面没有磷吗？"

"我这样说是因为黑色火柴和红色火柴用的磷是不一样的，红色火柴用的是一种被称为'黄磷'的黄色的普通的磷，我们做实验要用的就是这种磷。黑色火柴用的是一种被称为'红磷'的红色的性质比较不活泼的变态的磷。我们不久以后就会说到这种红磷。本来普通的磷是黄色的蜡状体，是因为一种红色的颜料被制造者掺进去，所以红色火柴才会呈现红色。因为除了黄磷和颜料外，还有助燃物质以及树胶等东西包含在红色火柴中，所以你们看到的磷并不纯粹，现在你们可以看看我拿出来的纯粹的磷。

"前几天我进城里有事，就顺便买了一些东西，是我们实验室所必需的。我来给你们解释一下所谓的实验室，就是科学家用作科学研究的地方，也就是他们的工场。就算我们的工场简陋，也应该有一点用具和用品等设备；要不然空有一双手，什么事都做不出来。对于我们来说，仅凭一张嘴空谈化学是不行的。只有把事实拿给你们亲眼看见，拿实物给你们触摸尝嗅，才是唯一的学习方法。

"如果没有了铁钳和锤子，铁匠什么事都不能做。同样的道理，如果实验室里没有各种的器械和药品，科学家也没有办法操作。因此，我们必须慢慢地购置这些东西，不过实际上由于叔叔财力不充裕，只有一些必不可少的东西可以添置。还好在困难的时候可以通过筹划怎么利用日常用品和避免复杂工具来练习练习头脑，也是有好处的事。实验不是一样可以用我们的水盆、旧瓶子、玻璃杯来做吗？并且就算是在大规模的实验室里做出来的成绩，也不怎么样。所以我们就先用这个办法来做。就算以后你们进了真的实验室，回想起你们叔叔的简陋设备也一定会很开心的。

"也许有的时候我们的困难无法解决，到了而且也只有到了这种时候，那种必需的东西我们才去购置。在说了很多题外话之后，我们现在再来说说磷。"

一个盛水的瓶子被保罗叔叔拿出来放在他侄儿们的面前，有一条条小指般的黄色物质在水里。

他说："这略带黄色的很像蜂房中的蜡的半透明体，就是纯粹的磷。"

喻儿问："它为什么被你放在水中？"

"那是因为在空气中只要很细微的热就可以让磷着火，非常容易燃烧。"

"那么为什么红头火柴中的磷在空气中至少要被摩擦一下才会燃烧起来呢？"

"我早就给你们说过了，由于红头火柴中的磷里还混合着树胶、颜料等东西，所以它并不是纯粹的磷，于是减弱了它的可燃性。不过它在酷热的时候也非常容易着火，一个很明显的证明就是爱弥儿上次说的灼伤手指的事。之所以近年来市场上的火柴大都改成黑头火柴，就是因为红头火柴的这一个缺点，我已经告诉过你们黑头火柴中的磷是一种比较不活泼，不会自己在空气中着火的红磷。而且黑头火柴所用的磷是在火柴匣旁边的棕色的摩擦面上，而不是在火柴的头上，所以即使在别的地方摩擦，这种火柴也不会轻易着火，因此它又被人家叫作安全火柴。"

爱弥儿问："既然普通的磷这么容易着火，那么它为什么不会在水中着火呢？"

"我昨天给你们说的话你难道忘记了？着火必须以可燃物质和助燃物质这两种物质为条件。实际上空气中所含的氧就是我们所说的助燃物质。燃烧现象只有在这两种物质化合时才会产生，所以无论燃料有多易燃，如果这个地方没有空气，也就是没有氧，也绝对不会产生燃烧，我之所以把磷放在水中，就是为了让它隔绝空气而不至于自己燃烧起来。

"是的，还有几句话我要告诉你们，磷灼烧引起的极度危险和痛楚，比炽炭热铁引起的痛苦更厉害和长久。因此，你们绝对不可以去随便玩弄这种可怕的东西。如果要拿它来做实验以求取知识，你们应该非常地小心。

"而且我不只是为了防止失火和灼烧等危险才这样再三叮嘱你们，你们还必须当心除此以外的另一种危险。你们必须知道，磷是一种人只要吃非常少的分量就足以致命的毒药。它应该被你们看作一个有深仇的，并且需要时时刻刻提防它的攻击的敌人。

"现在我可以给你们说，空气的组成是怎么用磷来显示的。必须有少量的磷被我们放在和大气隔绝的某定量的空气里燃烧。为了器壁不会因为直接受到火焰的高热而突然爆裂，在这个实验中我们要用一个大一些的容器。那么一个盛糖果的大广口瓶，在没有办法的时候也可以拿来用。但是我现在准备的这个从药房新买回来的玻璃钟罩，当然比普通的瓶子要好用。因为这一种器具在我们的实验室里是非常有用的，所以我希望你们用心地使用它，你们看，因为它就像一只钟罩一样，有一个圆形的顶，一个方便拿取的小玻璃球在这个无色的玻璃圆筒上面，所以它叫玻璃钟罩。

"现在我们开始做实验吧。为了使罩内的空气隔绝于罩外的大气，所以仍然需要在水面上进行燃磷的实验。因此，为了使它浮在水面上，我们只能在一片小木块或任何能浮的物品上放上磷。但是如果磷被我们直接放在木块上，木块一定会被它烧毁，所以我们还需要用瓦片这种不能燃烧的东西垫在磷和木块之间。现在已经完全做好所有的准备了。

"首先，我们要切一片磷下来。磷质的硬度几乎和固体的蜡相同，非常柔软；如果它被暴露在空气中，只要刀子轻轻摩擦，它就会着火而引起严重的灼伤，所以必须非常小心地切它。因此必须快速地用铁镊拿起磷，放在水中来切它。现在你们看我是怎么做的。"

随着一个铁镊被保罗叔叔伸到瓶里去，一条磷被迅速地撮出来，一阵淡淡的白烟出现了。同时，可以闻到一阵强烈的大蒜气味。后来他们听保罗叔叔说，磷特有的臭味就是这种大蒜的气味，而可以看到的白烟如果放在暗的地方是能够发光的。接着，保罗叔叔把那条一拿出瓶子就放入水中的磷，在水下切出了有两颗豌豆大的一粒。水面上浮着一片木块，木块上放着瓦片，于是这一粒磷被他放在瓦片上，然后磷被点着了，再被他用玻璃钟罩罩起来。

现在磷在罩内燃烧得十分猛烈，燃起的火焰明亮夺目。罩内的气体由于燃烧处产生出来的一阵阵烟雾而变成了乳白色。与此同时，因为罩内有盆中的水进入，所以为了罩内不会因为盆中的水干了而窜入空气，保罗叔叔只有马上加水。白烟在罩内越来越浓，就像电光在密云中一样，它完全遮住了火光，只能偶尔看到一眼。然而到了后来，火光越来越少，光线越来越暗淡，然后火焰完全地熄灭了。

于是保罗叔叔说："可以了。罩内空气中所有的氧都已经被这一小块磷完全用尽，只有那些不能助燃的氮被剩了下来。而等白烟减少时你们就会发现这块磷并没有被全部烧完。我要趁着这个空暇和你们说说这个白烟。磷的燃烧，也就是在磷和空气中的氧化合时产生的白烟。磷和氧伴着发生的光和热进行化合作用，只要你们一会儿摸一摸那块瓦片就可以知道产生了热。由于这些白烟很容易在水中溶解，所以罩内留出的空位就渐渐地被盆中的水升起来填充了。我们知道是由于磷和氧化合产生了白烟，于是氧就被包含在了白烟中，所以氧也就随着白烟的消失而消失。因此我们可以根据水上升的分量来推知氮在罩内空气中所含的分量。一共需要二三十分钟来等这白烟完全溶解，但是只要小心地震荡罩内的水，这些白烟立刻就会完全消失。"

第八章
空气的实验（续）

　　保罗叔叔一边说着一边小心地震荡了几次玻璃钟罩里的水，然后不仅可以看见罩内慢慢地清楚，直到恢复到之前的透明状态，而且可以看见残余的磷留在碎瓦片上。不过现在的磷不仅变成了红色，而且因为之前被热所熔融而在瓦片上流散，乍一看，几乎看不出这是磷。然后玻璃钟罩被保罗叔叔微微倾侧，木块就浮了出来，它连着瓦片残磷从水底被拿了出来。

　　保罗叔叔说："虽然因为热量，这烧残了的东西变成了红色，但磷依然是它的本质。刚才我不是跟你们说过，黑色火柴是红磷做成的吗？这种东西就是所谓的红磷。除了形状和颜色外，它在性质方面和黄磷也不相同。黄磷能够在空气中自燃，性质比较活泼；在空气中，红磷必须加以高热才能燃烧，性质相对比较安静。打一个比喻来说，一个敢作敢为的健康的人就像是前者，而一个精神萎靡的害病的人则像是后者。"

　　说完，为了使由实验产生的毒气（即白烟）散开得更容易，瓦片上的红磷就被保罗叔叔拿着，把孩子们一起叫到园子里去。保罗叔叔把瓦片放在一块石子上后，将它用火柴点燃，马上它就燃烧发光，和罩子里一样的白烟就产生了。这说明了磷就是这残留下来的东西。保罗叔叔等到全部的磷都被燃烧尽了，才回过来继续说："玻璃钟罩里的燃烧停止的原因，如果不是缺乏可燃物质，就是缺乏助燃物质。由于现在我们已经证明了剩余磷这种可燃物质，所以氧当然就是缺少的助燃物质。因此现在只有不助燃的氮剩在玻璃钟罩里，其实还有一些水蒸气和其他气体在内，但因为量太少而不计算进去。

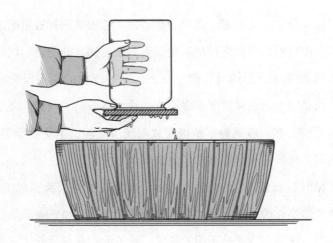

"磷的实验和蜡烛的实验都告诉我们：空气中含着一种助燃的氧和另一种不助燃的氮这两种气体。而我们又可以从磷的实验中知道在大气中这两种气体的分量。我们的玻璃钟罩的形状是圆筒形的。如果它的高度被我们分为同样长短的五格，那么这每一格的容积或者体积一定就是相等的。现在我们看到占整体高度1/5的位置是被升到罩子里的水代替氧占领着，那么占全部高度的4/5位置的就是剩下来的氮。因此包含在我们周围空气中的氧刚好就是氮的1/4倍。也就是说，1升的氧和4升的氮就能组成5升的空气。"

名师点评

　　倒扣的无色玻璃瓶中，蜡烛燃烧的实验可以直观地告诉我们空气中有助燃气体氧气和不助燃气体氮气，但并不能帮助我们测定氧气的具体含量（或体积分数）。蜡烛燃烧过程中没法把氧气消耗得很彻底，蜡烛就会很快熄灭。此外，因为蜡烛是含碳、氢、氧元素的有机物，燃烧产物有二氧化碳、一氧化碳和水蒸气，水蒸气冷却后会与碟子中的水融为一体，但是二氧化碳在水里溶解的部分却很有限，一体积水只能溶解一体积的二氧化碳，一氧化碳在水里很难溶解。玻璃瓶中残留的一氧化碳和部分二氧化碳会占据原来氧气的体积，使得液面升高的高度不能完全体现氧气被消耗的体积。因此，生成物为气体的可燃物都不适合用在这个实验中测定氧气的含量，比如硫粉，也因会生成气体二氧化硫且不完全溶于水而占据一定的空间。

　　而磷对上述实验来说是一种很好的试剂选择。白磷和红磷是两种最常见的由磷元素组成的不同单质，互称为同素异形体。白磷是一种质地柔软的白色固体，在湿空气中气温40℃左右时就可以自燃，因此一般保存在水中。白磷有剧毒，使用的时候要十分小心，白磷中毒后，呼吸起来感觉会有大蒜的气味。长期吸入白磷的蒸气，可导致气管炎、肺炎及严重的骨骼损害。白磷一度曾被制成杀伤性武器，白磷弹的危害性非常大，它碰到物体后不断地燃烧，直到烧完才能熄灭。因此，当燃烧的白磷接触到人的身体后，皮肉会被穿透，然后再深入到骨头。因为这种白磷弹对士兵身体和心理伤害太大，严重违反人道主义，现在已经被国际公约禁止使用。红磷是另一种形态的磷单质，红色，性质稍微不那么活泼，240℃左右时才燃烧，一般用来制作安全火柴。白磷和红磷都非常适合作为测定空气中氧气含量的可燃物，因为二者在空气中燃烧都会生成白烟状的五氧化二磷：

$$4P+5O_2=2P_2O_5$$

白磷的性质很活泼，很容易与氧结合，因此在测定的密闭体系中燃烧足够的白磷，就能够把体系中空气所含的氧气几乎消耗殆尽，比蜡烛燃烧耗氧要彻底很多。燃烧后玻璃瓶罩中飘落的白烟状的白色固体是五氧化二磷（P_2O_5），它是极易溶于水的一种氧化物，因此不会占据原来空气中氧气的体积。基于白磷燃烧这样的特点，我们可以根据大气压压入玻璃瓶中的水的量（高度），推测原来空气中氧气的含量（体积分数）。孩子们观察到进入玻璃瓶的液面高度占原来容器空余部分（空气）高度的约五分之一，就证明氧气占空气体积约为五分之一，这个测量结果已经很接近空气中真实的氧气体积含量了（21%）。

燃磷

孩子们，你们对于我们所必需的每天都在呼吸的空气的了解是多少呢？想来也不是很了解。空气是由两种主要元素组成的，但是你们现在只熟悉其中的一种，叫作氮；还有一种元素，含量虽少但更为重要，那就是氧。我想你们一定听说过"氧"这个词，却对它知之甚少。你们之前从燃磷的实验中，知道了氧大概占大气中 1/5 的比例。

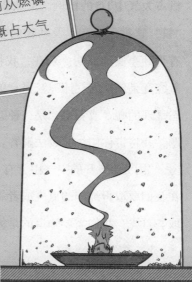

　　保罗叔叔又准备做一个新的实验了。看那桌子上的铁皮匣里，放着盛磷的小瓶。匣子的旁边是那个巨大的玻璃钟罩，这钟罩安在一个盛有一碟子石灰的盆子上面。

　　孩子们问："叔叔，你桌上的这些东西用来做些什么实验呢？我们也想看。"

　　保罗叔叔回答道："孩子们，你们对于我们所必需的每天都在呼吸的空气了解多少呢？想来也不是很了解。空气是由两种主要元素组成的，但是你们现在只熟悉其中的一种，叫作氮；还有一种元素，含量虽少但更为重要，那就是氧。我想你们一定听说过'氧'这个词，却对它知之甚少。你们之前从燃磷的实验中，知道了氧大概占大气中1/5的比例。又从我的谈话中，知道了物质的燃烧需要'氧'这种元素，以及动物的生活需要'氧'。但是，这一切并没有得到事实的证明。现在，我将带着你们去解答这些问题。首先，氧究竟是怎样的气体呢？当它单独存在的时候是以一种什么样的状态呈现的呢？或者说，是一种怎样的性状呢？这是一个很重要的问题，我将带你们一起设法解答。

　　"因为在5升的空气中，有4升的氮气和1升的氧气。所以，现在我们要取得纯粹的氮气或者氧气，就应该以空气作为源泉从中提取。首先，我们需要知道的是氮气和氧气在空气中是一种混合着的而不是化合着的状态。关于我说的这个问题，我将来可以证明给你们看。既然它们是混合着的，那么要分离它们，只须用简单的方法就可以了。但因为这两种气体是看不见并且摸不着的，所以就是这看似简单的方法却也不容易得到。前些日子，我们把硫黄和铁屑混合在一起，爱弥儿认为只要能多费一点儿时间，一定可以把它们再分离开来。我想他的话是不错的，我们只要有熟练的手指、锐利的目光，这件事做起来并没有什么困难。然而，像空气这样的混合物，和之前的情形完全不同。只因为造成这混合物的两种物质，都是我们看不见、摸不着的。然而即使能够看得见，却也因其性质的精密细微，这实际上也并不能减少我们分离空气的困难。那么，对于这件事情，我们究竟该怎么办才好呢？"

喻儿眼睛转了转，想了想说："上一次我们用了一块磁铁，很容易就把我们用手很难完成分离铁屑和硫黄粉末的工作完成了。那么现在，我在想我们能不能也采用一种类似的方法来将这两种空气中的主要气体分开呢？"

爱弥儿也点头附和道："我想喻儿说的是对的，我们可以找出一种东西，要能够吸引空气中的某一种气体，从而实现和另一种气体的分离，就好像磁铁能吸引铁屑却不能吸引硫黄一样。"

保罗叔叔微笑着赞赏道："想不到我的孩子们竟有这样好的理解力。你们的回答，正和我预先准备采用的方法是同一个原理。爱弥儿所想的那样可以实现气体分离的东西，其实你们早就已经知道了，并且前天还看见过呢，你们想起来是什么了吗？"

孩子们异口同声地问："是磷吗？"

"真聪明！是的，是磷。当磷在玻璃钟罩里燃烧的时候，会消耗掉氧气，那样它不是把所有的氧都吸收了去，然后只把氮遗留了下来吗？"保罗叔叔显得很高兴。

爱弥儿也应和说："是的，正是这样。"

随即问道："这不是像磁铁放在铁屑和硫黄的混合物上，便能吸住了所有的铁屑而单把硫黄剩下在纸上的原理吗？"

喻儿也像明白了什么似的，答道："很像！很像！"

爱弥儿又表明自己的观点说："磁铁能够吸引铁而不能够吸引硫黄，所以硫黄就剩了下来，也就将两种分离开来。同样，燃着的磷能够消耗空气中的氧而不能够消耗空气中的氮，所以氮就剩了下来。"

喻儿也脸红扑扑的像刚成熟的苹果，急忙说道："此刻我想到了一个法子。当磁铁吸住了铁屑，从混合物中取出时，我们就把这些铁屑刷落在另一张纸上。现在我们可以让磷吸住了所有的氧，然后再从其中分离出氧来。"

保罗叔叔赞扬道："这是很好的一个办法，不过这个办法实际上却是不可能的。磁铁可以很容易地把它所吸住的铁屑放下来，但是磷却不会轻易把它所吸住的氧再分出来。我曾经告诉你们，磷的燃烧是消耗氧的。所以磷一经吸住了氧，不用其他强制性停止的办法，它是不太可能再把氧吐出来的。而且我所谓的强制性停止的办法，在我们这间简陋的实验室中，是没有条件实行的。"

喻儿有些不高兴地说:"这个方法既然不行,那么我们就换一个办法吧。叔叔,请问药品中有没有和磷的性质相反的东西——也就是能够吸氮拒氧的东西呢?如果要有,事情就更简单了,对不对?"

"简单是简单,不过……"

喻儿怯怯地问道:"这样也有问题吗?"

保罗叔叔显得有些无奈地说:"的确也有问题,而且是一个很困难的问题。氮是一种很怪僻的元素,在大部分情况下和别的元素都不发生什么关系。而且它厌恶化合作用,除非用一种巧妙的方法去推动它,要不然不可能使它与别的物质相化合。所以,在这样的情况下,我们所希望的用别的物质来除去空气中的氮的方法,如果从这一点着想,结果一定会失败。

"难道我们就此罢手了不成?我想当然是不可以的。我们现在可用第一个方法来加以推想。磷起燃烧作用而和空气中的氧化合以后,固然我们没有办法叫它再把氧放出来。但是能和氧相化合的其他单质却并不都和磷一样,在这之中,还真有容易把所结合的氧让给别的物质的。那么今天,我们就先来了解和研究一下这种气体怎样储藏在燃烧过的物质中。为了要阐明这个事实,今天我们依旧用得着磷。"

保罗叔叔顿了顿,继续道:"你们还记得前天燃磷时,玻璃钟罩里所产生的白烟吗?还记得它最后慢慢地消失在水中吗?恐怕要是当时我不提醒你们,这白烟的消失,会使你们误认为火能消灭一切的证据呢。我当时虽然说明它并没有被消灭，但也没有得到事实的证明。因此我们现在要做一个实验，让你们知道：火不能消灭物质，只能改变物质；只能改变物质的性状，不能改变物质的存在。现在，磷将要给我们做一个很好的例证，同时还可以使我们知道今天功课的主要意义。这次的实验，一方面告诉我们物质不灭的原理，另一方面又告诉我们由燃烧而起的氧的积蓄。

"由燃磷而产生的白烟，很容易就溶解在水里。这在上一次的实验中，是可以很明显地看出来的。因此，我们若是想要保存这种白烟，这燃烧就必须在无水的地方进行。不仅仅如此，又因天空中有雨水、露水，所以无论看上去怎样干燥的空气，总是不免会混杂着一些水蒸气，所以导致燃磷时所产生的白烟，就必然有一部分会溶解在这水蒸气里。因此，我们燃磷所需要的空气，最好也应该是完全干燥的。"

为了让孩子们能够更好地理解，保罗叔叔特意将语调放缓了些，继续说道："我们需要的这种干燥空气，可以利用生石灰来制得。所谓生石灰，就是没有溶解过的石灰，也就是刚出石灰窑的石灰。我想你们肯定知道，石灰在空气中放久了会起怎样的变化吧。"

喻儿那由于刚刚气馁憋得红红的小脸终于稍有缓解，并且立即抢答道："我知道！我知道！石灰在空气中放久了，会渐渐碎裂，变成粉末，正如把水洒在石灰上一样，不过后者会加速这一反应的速度罢了。"

喻儿思索了一下，继续道："对啊。石灰上洒了水，就会使得石灰爆裂而碎成粉末。然而，把石灰暴露在空气中时间久了，也会起同样的变化呢，只不过比较慢罢了。这是因为它会渐渐吸收附近空气中的湿气，湿气会愈聚愈多，就发生了和水一样的作用。由这个现象我们知道了石灰有吸收湿气的特性，所以我们就可以利用它来做成完全干燥的空气。"爱弥儿也点了点头，表示同意。

保罗叔叔接着说："刚才我已在一只大盆的中央预备好一满碟生石灰块，盆子上面盖着玻璃钟罩，这样就使得玻璃钟罩里的空气预先干燥了。这样一来，我们在燃磷时生出来的白烟就逃不到什么地方去了。现在我们可以做实验了。"

只见保罗叔叔在水底下切了一小粒磷，小心地用吸墨水纸吸干。然后把玻璃钟罩稍稍提起，抽出在罩下的盆子，把放在盆中的石灰替换出来，与此同时，只见保罗叔叔极快地点着了火，并且立即把它推到玻璃钟罩下面。这次的燃烧和之前所见的现象起初并没有什么两样：有同样的亮光，有同样的白烟。不过片刻后就发生了一件新奇的事，玻璃钟罩里刚刚还在弥漫着的白烟，现在都凝成了白色美丽的小片，像雪花一般地在罩中纷纷飞舞。不久，盆子面上已遮着一层雪花般的物质。

保罗叔叔看着沉默的爱弥儿道："喂，我聪明的侄子们，对于这白色的东西，你们怎样想？"

"我觉得很奇怪。谁能想得到火还可以降雪的呢！不过我知道，这白白的东西它虽然像雪，却并不是真的雪。它一定是从燃着的磷里产生出来的。"

"正如爱弥儿所说，那是很显然的。我们看见在这里所生成的物质，外观虽然像雪，实质却并不是雪，而是另一种东西，现在我们且让它再多降下一些来，进行仔细研究。孩子们看，火快要熄灭了，我们必须让它更旺一些。"

保罗叔叔说完便将玻璃钟罩略略提起，那将熄灭的火焰就又像以前一样旺盛起来。孩子们显得略微有些惊讶。

保罗叔叔继续说道："空气少了，磷就不能燃烧。但是，我把罩子提高了一下，放进些空气进去，那燃烧着的火焰就重新旺盛起来了。现在，让我们再放进一点儿空气去，使罩子里多生成一些这种奇异的雪吧。"

　　像这样地来回补充了三四回空气，在盆子上的所谓的"雪花"已经积得很厚了。随后，保罗叔叔将盛磷的瓦片用铁钳钳出，径直把它拿去放在园子里了，说是为了避免这继续燃着的磷所生的白烟弥散在屋子里，妨碍了人的肺部健康。

　　他说："现在，你们要去检验检验这盆子里的东西。这些白色的像雪一般的小片，是由燃着的磷变成的，是不是很神奇呢？燃烧并没有把磷消灭掉，仅仅只是把它变成了别的东西，这一变就变得很厉害，你们要是不知道这假雪的来历，就一定猜不出它的性质。我再给你们说一遍：孩子们，你们要记住火并不会消灭什么东西，它所毁坏的或者叫作用去的，这一切并不曾化为乌有，只是变成了别的东西，有时成为无色透明的气体，为人目所不能见；有时成为有形的物质，这一点极令人惊讶。现在这些盆子里的东西，我们可以触、摸、嗅，这就是被火所毁坏了的磷。磷虽然经过燃烧，但是它的实质却换了一种方式存在在这个世界上。所以这个实验所告诉我们的第一桩事实——就是物质是不灭的，火的作用并不能消灭一切。"

　　保罗叔叔继续讲道："在化学实验中，我们常常会用得到一种极精确的天平，就是像苍蝇翅膀那样微小的东西，也能够称得出重量来。现在假设有这样的一架天平，那么我们方才就可称出未燃烧的磷有多少重量，以与燃后的物质相比较。不过要是当真这样做起来，就必须在玻璃钟罩下时时通送空气，使盆子里的磷完全燃尽，然后用一根羽毛把燃后所得的假雪一同刷下，再放在天平上去称。

那么我们现在来假设一下，如果未燃前的磷与已燃后的磷的重量都称出来了，那么这两者哪一样较重呢？"

孩子们都在思考，一时间也就安静了下来。保罗叔叔接着提醒道："误信火能消灭一切的人，一定回答说，已燃的物质比未燃的物质轻，因为火即使不把磷全部消灭，至少已消灭了一部分。但是你们早已听见我指出过这种错误，并且亲眼看见过好几次实验，我想你们一定不会有这种愚笨的回答了。"

喻儿抿了抿嘴，坚决地说："我一定不会这样回答。我的回答是已燃的磷比未燃的磷为重。"

保罗叔叔看着喻儿的样子，不由得宠溺地问道："喻儿，你的理由呢？没有理由你不能下判断。"

喻儿答道："这理由其实很简单呢。叔叔，你之前说过并且还曾实验过，无论什么东西在燃烧时就会和空气中的氧相化合。氧虽是一种不可见的气体，但因为它是物，所以它有重量，虽然这重量极小。因此，我就认为在已燃的磷里已经加入了氧的重量，那自然比单独的磷重。"

保罗叔叔也点点头，满意地称赞道："好孩子，你回答得好极了。已经燃烧的磷的重量本来应该和未燃烧的磷的重量相等，但我们还必须在其中加入燃烧时所化合的氧重量，因此就会比未燃的时候重一些。关于这一点的猜想，我们如果手中有一架极精确的天平，就可以得到一个相当明确的答案。它可以指出这盆子里的一堆像雪花般的东西，果然是比燃烧前造成它的磷重。那么孩子们，你们想想这加重的原因，除了由于燃烧时化合进去的氧以外，还有什么呢？所有盆子里的物质，当磷在燃烧时，曾经吸收了少量的氧，积储在那里。这氧已经不再是不可见的气体，占着巨大的空间，而今已经变为固体物质的一部分，可以被人看见、被人触摸，这种可以让我们人体感知的物质，占着很小的空间。此刻它已经在化合作用下，被采集来加以压缩而装入'小栈房'里去了。

"不论是哪一种物质，燃烧的时候都有同样的化合作用。一经燃烧，便变成了一个贮氧的'小栈房'。把燃烧后所产生的全部物质的重量收纳进去。算起来，在没有遗漏的情况下，其数目一定比未燃的物质为大。这超出的重量是由于燃烧时化合进去的氧。大部分已燃的物质，也就是氧的栈房，都把氧保藏得很稳固，你要是想夺去它，非加强力不可。但是有少数已燃物质很容易把氧放出来。在这一类物质中，我们将来可以拣出一种来制取纯粹的氧。不过此刻，我们必须先把燃磷实验做一个收尾。"

保罗叔叔顿了顿继续说："盆子里的像雪花般的粉末，虽然大部分用易燃的磷来造成，却是绝对不能燃烧的。即使用最热的火焰，也不能令它燃烧起来，原因是大凡燃烧过的物质都不能再燃烧。这磷既已与最多量的氧相化合，自然不能再与氧相化合了，所以它的可燃性也就完全失去了。实验可以比讲道理更明白地解释这个事实。"

说完他便在一堆炽燃的炭火上撒下了一些白粉，并且把炭火吹得很旺，但结果同先前说的一样，并不能使白粉燃烧起来，可见它的可燃性已经消失了。

保罗叔叔道："要是你们没有关于化合物和造成化合物的单质的知识，这个实验便会使你们奇怪，因为这物质本来很容易燃烧，现在却绝对不能燃烧了。其次，这盆子里的白色粉末，你们远远地闻闻现在的这一些，对，也没有臭气，而本来的磷却有一股极强烈的蒜臭味。但是我提醒你们不要用手来撮拾这粉末，它的性质是很猛烈的，至于把它放到嘴里去尝味，那就更不可了，否则你肯定会痛叫起来。"他的表情显得有些严肃。

保罗叔叔继续说道："我还必须申明，像磷、碳、氮等大部分的非金属，当它们与氧发生化合反应时，换句话说，就是当它们燃烧时，均会产生一种有酸味的能使蓝花变红的化合物。所有像这样的化合物，在化学上统一称之为'酐'，意思就是干燥的酸，而它的水溶液就被称为'酸'。造成各种酐或酸的元素的名称，就用各种酐或酸自身间的区别来命名。所以磷酐和磷酸就是从燃磷得来的白色粉末及其水溶液。你们一定要认真记住它们的名字。"

名师点评

　　白磷在玻璃钟罩中燃烧会生成漫天飞舞的白烟，这种白烟是固体五氧化二磷（P_2O_5）。这个燃烧实验不仅可以用来测定空气中氧气的含量，还经常用来验证质量守恒定律。白磷燃烧之后得到的白色固体五氧化二磷的质量，其实并不等于原来白磷的质量，因为燃烧过程中有空气中的氧气参与进来，生成物中必然会多了一部分氧元素的质量。因此白磷燃烧过程中生成的白色固体五氧化二磷的质量，应该等于参加燃烧反应的白磷的质量与参加反应的氧气的质量之和，这就体现了化学反应中的质量守恒定律。

　　质量守恒定律是自然界的基本定律之一。在任何与周围隔绝的物质系统（孤立系统）中，不论发生何种变化或过程，其总质量保持不变。质量守恒定律说明物质是不会凭空消失也不会凭空产生的，只能由一种物质转化成另一种物质。或者我们可以说，物质不会凭空产生，只是从一种形态转换成另一种形态。质量守恒的本质是物质在反应过程中元素种类是不变的，原子个数是守恒的。在反应过程中元素种类不变，组成了其他物质，原子的数量不变，组合成了新的分子。

　　保罗叔叔用他的玻璃钟罩进行白磷燃烧和质量守恒定律的验证，其中还有一个重要的问题是防止生成物五氧化二磷在潮湿的空气中吸收水分导致产物质量的增加，最后测量结果偏高。因为五氧化二磷（P_2O_5）是一种常用的干燥剂，顾名思义，这种固体对水具有极强的亲和力，极易吸收潮湿空气中的水蒸气。因此，我们在实验过程中需要先用生石灰氧化钙（CaO）对玻璃钟罩内部的空气进行干燥处理。生石灰也是一种非常常见的干燥剂，它吸水之后能与水发生反应生成熟石灰：$CaO+H_2O=Ca(OH)_2$。

白磷在空气中燃烧的产物五氧化二磷是一种不可燃物，它除了非常容易吸水之外，也非常容易溶于水中，溶于水之后很快与水反应生成磷酸：$P_2O_5+3H_2O=2H_3PO_4$。磷酸是一种重要的无机酸，它在水溶液中显酸性，能够使得指示剂变色。大多数植物的叶子和花朵中都含有遇酸碱会变色的酸碱指示剂，比如紫罗兰里的提取液遇到磷酸等酸性溶液会变红。从地衣中提取出的紫色石蕊溶液，遇到磷酸也可以显示红色。五氧化二磷是一种磷元素与氧元素结合的化合物，这种由两种元素组成，其中一种元素是氧元素的化合物，我们一般称为氧化物。五氧化二磷还是一种重要的酸性氧化物，我们通常也称为酸酐，这类氧化物能够与水反应生成对应的酸（磷酸），反之酸酐一般也可以由对应的酸脱水得到。

（注意：不能用手指蘸取磷酸溶液进行品尝，化学实验室中任何物质都不可以品尝，因为潜藏着巨大的未知的危险。）

第十章

燃金属

园子里所有颜色的花都用磷酸来试过了。蓝色的花，它们全都失去了本来的颜色，变成了红色；而其他颜色的花，不管是黄的、白的还是红的，全都保持着本来的颜色，并没有任何改变。这两个少年如此认真地试过了之后，又被保罗叔叔叫来用磷酸做某种新的研究实验。

园子里所有颜色的花都用磷酸来试过了。蓝色的花，它们全都失去了本来的颜色，变成了红色；而其他颜色的花，不管是黄的、白的还是红的，全都保持着本来的颜色，并没有任何改变。这两个少年如此认真地试过了之后，又被保罗叔叔叫来用磷酸做某种新的研究实验。这次，他们负责摆放的用具是一座炽燃的小风炉，另外，一个从手电筒的干电池上拆下来的壳子和一个铁制的旧汤匙也被放在了桌子上。另外，一瓶灰色的有金属光泽的像手指那样大小的物质也是其中的物品之一，它的形状就如同一束狭小的丝带。孩子们根本猜不出这东西是什么。不过，保罗叔叔所留的悬念就在这里，他计划等时机成熟了再告诉孩子们。

"我们在上一次的实验中遇到了一个难题，那就是用什么方法可以得到不含氮的纯粹的氧。这个问题就是我们今天要继续讨论的问题。现在我们清楚，酸类是由各种非金属（如磷）燃烧而生成的，许多从空气中夺来的氧就储藏于其中。你们将会发现，今天的实验将比昨天的那个更有意思，也更使你们惊异不已。这是解决这个问题的另一个步骤。等我们完成了这个实验，你们就比较轻松地搞清楚如何制造纯氧了。现在，我们先继续来谈谈各种物质的燃烧。我们首先说磷，磷的燃烧实验是相当好看的。你们看，它那猛烈的火焰，闪耀的光亮，如同雪片一样的生成物磷酐，都令人产生无限的兴趣。不过，这种现象因为你们在使用红头火柴时就已看惯，因此没什么大惊小怪的。同理，众所周知的易燃物质燃烧起来都是这样的。不过，今天我们将要让金属燃烧。"

爱弥儿惊讶地说："什么？金属！"

"我在此前已经说过，这次的尝试必定会让你们惊异不已。没错，我的孩子，正是金属。"

爱弥儿惊讶地睁大双眼，坦率地说："可是，金属是不能燃烧的啊。"

"这话是谁告诉你的？"

爱弥儿反驳道："尽管没人对我说，不过，根据现有体验到的事实，我认为金属是不会燃烧的。你看，用金属做成的火叉、火钳，即使碰到了最热的火，它们也不曾燃烧过，这是我看到的。另外，火炉也是用金属制成的，在冬季，尽管它已经被烧至炽热，我们谁也不曾看见过它会燃烧起来。如果按你的说法，金属真能燃烧，那么全国的火炉应该早就被烧尽了！"

"爱弥儿，照你的看法，看来，你是不相信我所说的'金属能够燃烧'的话了？"

"叔叔，我真的没法相信你的话。如果你说的金属能够燃烧可以成立，那么你也可以说水也能够燃烧了。"

"为什么不能？我等下会证明给你们看，就连水也能够燃烧。"

"水也能够燃烧？这简直太不可理喻了。"又是一阵异议声。

"没错，孩子。我等下就会演示给你们看，水里含有最好的燃料。"

　　见叔叔如此坚决，爱弥儿也不再说什么了，他只是将双眼睁大，等着看叔叔将那些不可信的金属的燃烧的事实。

　　保罗叔叔继续说："火叉、火钳、火炉这些用铁来做的工具，它们不能燃烧的原因是由于没有足够高的热量。倘若热量足够高了，那么铁自然就会燃烧起来。事实上，你们也常见到这种燃烧，只是你们不曾用心观察罢了。比如说，当我们走过铁匠铺的时候，我们会看到铁匠将一根烧红的铁条从熔炉中拿出来，而那铁条一接触空气，就会迸出明亮的火星，让人差不多误认为它是在放烟火。而那原本是黑暗的铁匠铺，也会在一瞬间被照得雪亮。你们清楚那些火星是什么东西呢？事实上，那些火星就是铁条表面的一部分铁在燃烧后飞散开来的。现在，你还不相信我说的话吗，爱弥儿？"

　　"我信了。在化学上，原来一些在现实生活中好多似乎是不可能的事都是可能的。这样说来，化学真是一门神奇的学问呢。"

　　"我还要告诉你们，其实爆竹厂里做烟火的时候，若是想要使烟火放出来的时候能产生各种颜色的火星，他们就会将各种金属屑混合在火药里。这些金属屑颜色各不相同，比如铜会产生绿色的火星，铁会产生白色的火星。每一粒金属屑碰着了火就变成一个火星。烟火之所以会喷出五色的火星来，便是这个缘故。关于铁的燃烧，不久我也将要带着你们到一家铁器店里去参观，因此我不会在这个时候就这个问题再多说什么，只是为了再添上一个明显的例子罢了。

"你们都清楚，在燧石上打磨的钢铁或小刀可以发生明亮的火星，这是一个事实吧？这种火星的来源就是被打下来的铁粒因震动产生的热而燃烧起来的。另外，石匠凿石子会发出火星，马蹄铁踢在石子上会发出火星，其道理和这个是一样的。可见，铁的确能够燃烧，尽管看起来是相当奇怪的，不过这却是一件不争的事实，而且极其普通。

"现在，我再来说一说锌这种金属。请看，我手中是一个从用过了的干电池上拆下来的壳子。锌就是这东西的原料，它的表面尽管是灰黑色的，不过这只是一种假象。现在我用小刀在上面划上一条痕，你们就能够看见它内部的银白色的金属光泽。我们要让锌燃烧起来。当然，这是一件相当容易的工作，条件非常简单，只要有一些炽燃的炭火就行了。金属和硫黄、磷、木炭等一般的可燃物质一样，它们有的能够轻松地燃烧，有的则很难燃烧。比如磷一碰到火就会马上燃烧起来，想让硫黄着火却相当困难，让木炭着火就更难了。同样，铁要具有熔炉的温度才能着火，而锌却只要具备一些炽炭的温度就够了。另外，还有一些金属，让它们着火比锌还要容易，这种金属我们很快就可以看到。"

保罗叔叔顿了顿，继续说道："现在，我们就来做燃锌的实验吧。我们要先剪下一些锌片来放在铁匙里，再把铁匙放在这红热的炭火上。如果你们有什么疑问，先保留着，这个实验将会做出解答。"

两个孩子也附和地点了点头。不久，他们看到，锌果真很快熔化了，等到铁匙烧到炽热后，保罗叔叔就把炭火拨在一边，用一根粗硬的铁丝在熔锌中搅动，使它更多地与空气接触。接着，一团炫目的淡蓝色火焰从熔锌中迸发出来，随着搅动的快慢而显出或明或灭的火花。孩子们则很惊异地看着燃锌的光亮，又看见从火焰中飞散出一种像鹅毛般的东西，在空中轻快地飘浮着，更让孩子们觉得奇怪不已。这鹅毛般的东西，简直使人误认为是秋天早上田野中飘荡的白色的羽毛。同时，在铁匙中熔锌的表面上，也结成一层极纤细的白绒，这白绒为热的气流所推动，有许多在空中飞扬起来。

保罗叔叔道："这白色物质就是燃烧过的锌，也就是已和空气中的氧化合的锌，它和锌的关系，正和假雪花之于磷一样。我们且等它产生得多一点了，再来实验它的性质吧。"

喻儿帮叔叔搅着熔锌，爱弥儿则追逐在飞扬起来的白绒后面，用嘴吹着，不过也不能让它们飘得太快。大大小小的白绒轻软地满室飘扬着，好像永远不会沉下来。不久，铁匙中的熔液已完全燃尽，所有的锌都变成白绒了。当铁匙渐冷，其中的残烬被倒出了以后，保罗叔叔就继续地说道：

"现在你们已经看到了，燃过了的锌呈白色。这种物质不但淡，而且没有任何味道。"

叔叔说："那我们接下来就要研究这无味背后的秘密。我将这把白色物质倒在这杯水里，接下来，我用搅拌棒来回搅动。你们看，这种物质并没有溶解。你们应该还记得，已燃的磷却非常容易溶解，甚至在溶解时发出嗤嗤的声音。

"现在，我们将这种事实综合起来考量：已燃的磷极易溶于水，具有相当浓烈的味道；已燃的锌不溶于水，根本没味道。同样地，盐和糖都能溶于水，也都有滋味，不同的是，盐是咸味，糖是甜味。砂石和砖瓦都不能溶于水，它们都毫无滋味。你们现在知道这些事实所指出的原因了吗？"

喻儿道："我清楚了。一种东西只有溶解在水中才有味道。"

保罗叔叔继续补充说："没错。所有有滋味的东西，不管这种滋味是浓还是淡，是甜还是酸，是咸还是苦，它都必须能够溶解于水中。所有不能溶解在水中的东西都没有滋味。所以，倘若一种物质要作用于味觉，要在人们的舌上留印象，那么它就一定要能够溶解在唾液中，否则的话，它本身就必须是一种液体。当一种物质溶解在唾液中时，它就被分解成特别微小的微粒子，这些粒子和我们的味觉器官相接触，于是我们就能感觉到滋味的存在。我们清楚，唾液大部分是由水构成的。因此如果物质不溶于水，那么它就不溶于唾液，如果它不溶于唾液，自然就没有滋味。你们记住，倘若你们有一天看见了一种不溶于水的物质，那么你就别想尝到它的滋味。然而，倘若它能溶于水，那么你就可以尝到它的滋味。不过有的时候，这种滋味相当淡，比如阿拉伯树胶等，我们几乎就尝不到它的滋味。

"我再总结一下：锌燃烧后剩下的白色物质是没有任何滋味的，理由是它不溶于水；而磷燃烧得来的白色物质，由于可以溶于水，因此就有滋味。"

爱弥儿说："不过，叔叔，你能不能告诉我，既然燃烧过了的锌不溶于水，以至于我们无从感觉它的滋味，那么它真正的滋味究竟是怎样的呢？是不是和燃过了的磷的味道一样？"

保罗叔叔道："关于这一点，任何人也不可能知道，原因就在于它的味道没人会去品尝。我们只能说，可能是由于它的味道太过难闻，因为差不多99%的化学药品的味道都不好闻。"

"现在，我将为你们演示一个燃烧金属的实验，这个实验是今天的实验中最有趣的。那个小瓶子里装的就是实验的材料。"

爱弥儿问道："难道就是那种灰色的像丝带的东西吗？"

"没错。"

"不过，看起来，这东西似乎是不能燃烧的。"

"要知道，外表常常是能骗人的。还是让我们仔细看看吧。"

保罗叔叔一边说着，一边从小瓶中拿出那束东西，孩子们看到，那东西既狭又薄，极富弹性，如同钟表里的发条。保罗叔叔用小刀在上面划上一条痕，于是亮亮的金属光泽就从中闪射出来。孩子们这才知道它确实是一种金属。

爱弥儿道："它似乎是铅，也可能是锡。"

喻儿道："这更像是锌或铁。"

保罗叔叔对他们说："你们说的都不对。实际上，你们根本没见过这种金属，甚至可能都没听到过它的名字。"

爱弥儿特别在意，于是问道："那么这种金属有名字吗？是什么？"

"它的名字是镁。"

"镁？真是一个特别的名字。我们从来都没听过。"

"事实上，你们闻所未闻的名字还有很多，比如铋、钡、钛。"

"这些名称也是金属的名字吗？"

保罗叔叔说："没错，它们也是金属。你们认为它们的名字特别，那是由于你们第一次听到这些名字。倘若你们听惯了铋和钛，你们就会认为它们和铜、铅一样平常。我曾经听说过金属有70种，其中许多种金属在日常生活中用不到，所以我们在平时的交谈中听不到它们的名字。

"我们刚才已经实验过，炽燃的炭可以使锌燃烧起来，但是镁的燃烧，只需用烛火就可以了。"爱弥儿问："您是从什么地方得到这种奇怪的金属的呢？我特别想自己也买些来玩。"

保罗叔叔回答道："镁并不是供于日用的金属。它的名字甚至连铜匠、铁匠、银匠都不知道。这种物质大部分用于科学研究、摄影以及游艺性质的化学实验。只有在药房及科学用品店才能买到它。现在我们所用的镁，就是我从药房中买来的。"

此时，保罗叔叔已将一个烛火点着了，他先拉拢窗帘，以便燃烧时所发出的光亮不会受到太阳光的影响。接下来，他又将一小条镁割下，用钳子将其一端夹住，然后让其另一端凑近烛火。他将一张纸铺在桌子上，以便将燃烧的金属上所落下来的东西接住。此时，那条被点着的镁在燃烧时释放出极耀目的强光，屋子里所有的东西都被照得亮如白昼，而且它在燃烧时没有发出噪声，更没有火星。看到这样的强光，孩子们惊讶极了，他们都满怀好奇地注视着这一切。火焰慢慢地靠近钳子，此时落下来的物质就如同石灰粉末一样，没过几分钟，所有的镁都完全燃尽了，那耀眼的火焰最终也由于缺乏燃料而熄灭了。

强光刺激着孩子们的眼睛，他们一边擦着眼睛，一边高声地叫道："太好看了！真亮啊！"

保罗叔叔将窗帘打开，于是阳光射了进来。

爱弥儿仍旧擦着眼睛说："我看不见东西的原因究竟是什么呢。我刚刚仔细地观察了镁的火焰，结果险些将自己的眼睛炫盲。"

喻儿接着说："我的双眼就如同凝视过太阳一样，炫目得难受。"

保罗叔叔说："这种感觉要等到双眼的疲劳消失后才能好的。"

没多久，爱弥儿的双眼就恢复了感觉，然后他将自己心中所想的说了出来：

"我现在看燃烧的烛光的时候，发现它的火焰比平常的时候变得更暗淡。"

保罗叔叔发问："你们能看到放在太阳光下烛火的火焰吗？"

"那当然看不出来，原因是那种光相当暗淡，如同在镁光中一样。"

"造成这种感觉的原因是由于我们的眼睛受到强光的刺激后，就无法看见弱光的缘故。我们无法在太阳光里辨出炭火是不是在燃烧着。倘若将在黑暗中发光的火焰拿到强光中，我们就无法让其光芒显现出来。我用以证明镁光的强度的证据，除了眼睛外，还有暗淡的烛火。它的光只有太阳光才可以与之相比拟。

　　"现在你们可以相信金属是不难燃烧的了吧。我们看到的众多的火焰，如铁匠铺中炽铁的火星，旧铁匙里的锌的火焰，以及最后燃镁的强光，都可以用来证明这个结论。不过，我们可以从后一实验中知道有些金属在燃烧时还可以发光，如果不是价钱太贵，我们甚至能用镁发出的光作为灯光。就像摄影时，我们就要利用镁来做发光的东西呢。

　　"现在让我来向你们介绍一下燃烧时生成的物质。燃烧时落在纸上的那种白色的物质是燃烧后生成的，它如同很细的石灰粉末。这种物质既不溶于水，也没有什么味道。这种物质除了包含镁的本身之外，还包含着一切物质燃烧后剩余的共同的东西，这种东西就是氧。因此，这又是一种氧的'栈房'。运用适当的、不过并不轻松的方法，我们可以将氧从这个栈房里提取出来。

　　"最后，让我们把以上知识总结一下。那就是：铁可以燃烧。倘若将炽热的铁放在砧上锤击，那么就能看到火星迸发出来，这些火星实质上就是燃烧的铁粒，如果我们到铁匠铺收集燃烧后的铁，那么我们会发现它是一种黑色的物质，性质特别坚脆，只要用一根手指就可以将它压碎。我们用氧化铁来称呼这种黑色物质或燃后的铁，也就是铁的氧化物。

　　"锌也可以燃烧，燃烧后生成的生成物分为两部分：一部分是白色物质，一部分是如同鹅毛一样地飘浮在空气中的物质。这种白色物质或燃后的锌就是氧化锌，即锌的氧化物。"

　　"镁也可以发生燃烧，燃烧后生成的物质同样是白色的，样子如同研细的石灰，摸起来相当光滑。这种如同石灰一样的物质或燃后的镁，人们称之为镁的氧化物，简称氧化镁。

　　"按常理来说，金属都具有可燃性，不过也有少量例外的：如果它们在燃烧时与空气中或任何地方的氧发生化合反应，那么就会产生一种没有金属光泽的化合物。这个叫作金属氧化物的化合物就是这种从燃烧金属中得来的，作为一种已燃的金属，金属氧化物就像酐是一种已燃的非金属一样，其中都含有氧。"

名师点评

燃烧行为的发生需要三个条件：可燃物、助燃物（一般是氧气）和温度达到可燃物的燃点（着火点）。

很多金属都能与氧气反应，根据金属性质的活泼程度不同，它们与氧气反应的剧烈程度、结合的难易程度也不相同。如跟空气容易结合、容易反应的金属镁和金属锌（以及比它们更活泼的Na、Ca等）都可以在空气中直接燃烧。

锌的元素符号是Zn，它是一种浅灰色较活泼的金属，熔点为419.5℃，锌在空气中很难燃烧，在氧气中发出强烈的白光。锌金属表面有一层氧化锌（ZnO），燃烧时冒出白烟，白色烟雾的主要成分也是氧化锌，氧化锌无臭无味，难溶于水。

镁的性质比锌和铁都要活泼，因此在空气中能快速燃烧，生成白色固体氧化镁：$2Mg+O_2=2MgO$。镁非常容易与氧结合，因此燃烧时放出大量的热，发出很耀眼的白光，曾被制成旧式照相机的闪光灯和战争中传递战场信号的照明弹。镁除了能在氧气中燃烧之外，也能在氮气中燃烧，生成氮化镁：$6Mg+3N_2=2Mg_3N_2$，还能在二氧化碳中燃烧生成氧化镁和碳：$2Mg+CO_2=2MgO+C$。

铁的性质没有镁和锌那么活泼，因此它在空气中不会燃烧，只能被炭火烧到通红，但是在纯氧中，铁会剧烈燃烧，火星四射，放出大量的热，生成一种黑色的固体四氧化三铁（Fe_3O_4）：$3Fe+2O_2=Fe_3O_4$。

第十一章

盐类

在生成这种氧化物的过程中，并没有人工的参与，这种燃烧甚至是在地球形成初期就发生的。纵观人类历史，从未有人发现过这种形成石灰的金属单质。虽然这种金属无所不在，不过它却和其他的物质完全混合在一起，从而形成形状各异的化合物，因此要探测这种金属的存在并非易事。

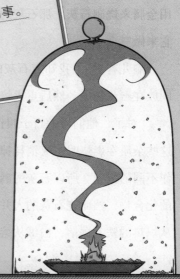

镁燃烧后得出的白色物质，被保罗叔叔用纸包好，到了第二天，保罗叔叔再次打开纸包给孩子们看。

他说："如果只看这东西的外观，它很像石灰或者面粉，如果只按照其性质来说，则更像石灰。石灰的原本面目是一种没有固定形状的石块，把这种石块浸入水中，它就会吸收水分进而膨胀破裂为白色的粉末，和镁燃烧后的形状一样。由于石灰也是一种被燃烧过的金属，因此我们说石灰和燃烧后的镁相似是非常恰当的。"

爱弥儿狐疑地道："石灰也是被燃烧过的金属？可我从没有听说过石灰是由燃烧金属生成的。"

保罗叔叔回答道："石灰当然不是那样生成的。如果我们真的用金属来烧制石灰，那石灰的价格就会非常昂贵，泥水匠也不敢用它来做三合土了。"

喻儿答道："我知道石灰的制作方法。他们先将石子和焦炭一同放在石灰窑里，然后点火焙烧，就能将石子烧制成石灰啦。"

"对了，他们用的石子叫作石灰石，其中含有石灰和其他杂质。这些杂质在燃烧时被火消耗掉，最后便剩下了纯净的石灰，可以用作不同的用途。所以石灰的确是被燃烧过的金属，也就是金属与氧的化合物，然而烧石灰的人并不知道个中缘由。石灰的微粒子屑片从炽热的铁上爆落，白绒从熔锌中飞出，白粉从镁焰中落下，简而言之，石灰就是一种金属氧化物。

"当然，在生成这种氧化物的过程中，并没有人工的参与，这种燃烧甚至是在地球形成初期就发生的。纵观人类历史，从未有人发现过这种形成石灰的金属单质。虽然这种金属无所不在，不过它却和其他的物质完全混合在一起，从而形成形状各异的化合物，因此要探测这种金属的存在并非易事，如果要从这种化合物中分离出纯净的金属，那就更加困难了。你们仔细观察一下，这一撮燃烧过的镁和那一撮粉状的石灰有什么区别？"

孩子们仔细观察了一番说："我们看不出有什么区别。两样东西都像白色的面粉。"

保罗叔叔说道："的确，我也看不出什么区别。虽然我们明知这是两样不同的东西，但我们却一直认同它们的相似点。现在我们说（其实科学也是这样说的）这种粉末（石灰）是一种金属氧化物，正如那种粉末（镁）是另一种金属氧化物一样。"

喻儿问道："那石灰中的金属又叫什么名字呢？"

"石灰中的金属叫作钙。"

"你能让我们见识一下钙的面目吗？"

"哎哟，这就很难做到啦。我们简陋的实验室难以配备价格如此昂贵的东西。这并不是因为钙的产出量匮乏，我们的环境中到处都有钙的存在，蜿蜒数千里的山脉中便含有丰富的钙。但是要从含钙化合物中提纯钙，却要耗费大量的财力、物力，这就是它价格昂贵的原因所在：因此你们的叔叔就没有能力购买了。尽管如此，我还是可以向你们描述一下它的性状。试着想象这样一种东西，它柔软如蜡，颜色洁白且有银色光泽，还可以用手来搓捏模型，这种东西就是钙。"

爱弥儿听了叔叔的话后，诧异地问道："钙不是金属吗？金属也可以像一块软蜡或一块泥土那样用来搓捏模型吗？"

"没错，孩子，这种特殊的金属的确软得可以用手来搓捏和随意塑成不同的形状。"

"那么，我们就可以用钙来搓一个银色的小塑像当玩具啦。"

"但这个小塑像却比用银子做的更昂贵，而且，你们也不能用手来搓，因为这种物质非常活跃，燃点极低，比你们见过的任何物质都更容易燃烧。如果在你们塑造的时候，模型突然着火，该如何是好呢？"

"那肯定不是一件趣事。"

"而且你们要记住，钙一旦碰到水便会燃烧。燃烧中的煤、磷、硫，都能被水扑灭，然而钙却相反，会因为遇水而燃烧起来。你们不要认为我的话很荒诞，我所讲的都是事实。我们马上就要上一门新的课程，我将让你们见证水并不一定能灭火的奇迹——不过，我不知道我的经济力量能否负担得起。"

"这和你的经济力量有什么关系呢？"

"因为做这个实验需要买到一种性质像钙一样且能在水中燃烧的金属。"

"那还有其他能在水中燃烧的金属吗？"

"是的，有三四种。"

"那你准备给我们看哪一种呢？"

"那很难说。只要你们觉得高兴，我一定尽力而为。"

"如果我们能够经常观察到这些有趣的实验，比如说镁的燃烧，锌和磷变成雪花，我们肯定会永远那么快乐的。"

"我们再来讨论一下爱弥儿用钙做塑像的事吧。我们已经知道，因为钙接触到水后很容易自燃，因此用我们带湿气的手来接触钙是一件很危险的事情。所以我们只能把钙存放在瓶子里，而不能把它放在手里玩。

"现在我们暂时把钙放一边，来说一说钙的氧化物——石灰。我们知道石灰有一种特别的性质，是铁、锌、镁等氧化物所没有的，这种性质很强烈，就如同舌头燃烧一般。其次，石灰在舌头上引起的不快之感并不仅是因为它的涩味，还因为它具有腐蚀皮肤的能力。这就是我们如果长期用手接触石灰手会变粗糙的原因。

"石灰也是有味道的，依据理论它能溶于水，不过实际上它的溶解量很小并有着令人难受的涩味。如果我们把水和石灰捣成膏状并放在水中搅拌，就会得到乳白色的液体；待液体静止后，所有未溶解的石灰都会沉入水底，水也会恢复原来的洁净；如果你尝尝这水的味道就会发现它和石灰灼烧的感觉是一样的，虽然你看不到石灰的存在，但它已溶进了水中，正如在无色的糖水中溶解着糖。"

保罗叔叔又说道："这是我刚从院子里采来的紫罗兰。我向你们演示过如果将这种蓝色的花浸入非金属的水溶液（如磷酸）中，蓝色的花就会变成红色。你们也曾多次做过这种实验。现在，如果我们把这种蓝色的花放在燃烧过的金属的水溶液中，它又会变成什么颜色呢？下面，就让我们跟随石灰水去寻找答案吧。"

保罗叔叔先将紫罗兰放入杯中再倒入石灰水，只见花由蓝色变成了绿色。

爱弥儿惊奇地说道："化学就像一个燃料工场，磷酸可以把蓝花变成红色，而石灰水又可以把蓝花变成绿色。等将来我的化学知识丰富啦，我要用它来增加颜料库里的颜色。"

"那当然可以，因为化学能指导我们如何利用其他化学元素将一种无色物质变成有色物质；同理，它也能指导我们如何使一种有色物质失去颜色或让它改变颜色。既然说到这里，就让我们来谈一下化学工业中的一个重要部门——染料制作。磷酸可以让蓝花变成红色，石灰水可以让蓝花变成绿色，这两种快速完全的变化能让你们明白化学药品是如何制造出各种染料以供画家和染色者使用的。

磷酸

"现在，我们把这被石灰水变绿的紫罗兰浸到含有几滴酸的水中。因为磷酸已在做蓝花变红的实验中用完啦，所以我现在用的酸是硫酸，关于硫酸的相关知识我们以后还会详细讲到，但实际上，使用任何一种酸都可以达到实验的目的。你们看，现在花儿已被酸液染成红色，就像未曾放入石灰水一样。如果把红花再拿出来放到石灰水中，它依然会变成绿色。紫罗兰总是这样遇酸变红，遇石灰水变绿，不断循环，永不停息。

"钙的氧化物——石灰——虽然有这样的性质，但铁、锌、镁的氧化物却没有。金属氧化物的不同性质和它们是否具有气味都是因为同一个原因。石灰因为能溶于水，因此我们能尝到它的涩味，也因此能使蓝花变绿。铁、锌、镁的氧化物因不溶于水，于是不能作用于味觉器官，也无法使蓝花变成绿色。

"由此可见，凡是能溶于水的金属氧化物，都会有和石灰一样的涩味，可以让蓝花变成绿色。事实也的确如此。

"现在，我要告诉你们，酸和金属氧化物能形成一种化合物，而且这种化合物与酸和金属氧化物的性质不同。我想你们一定记得，由两种物质化合而成的化合物与原来的两种物质性质肯定不同。磷酸有酸味，石灰有灼烧感，两者都是性质强烈的物质，但是当这两种酸和金属氧化物化合后又会生成什么物质呢？这是你们永远想象不到的。它们成为一种无害物质，一种形成动物骨骼的重要成分。

"如果我们把一根有肉的骨头扔到火中，肉骨就会燃烧起来，但是这火燃烧的是骨骼上的油脂和其他物质。火焰熄灭后，我们可以看到保持着原来形状的骨骼，骨骼颜色灰白，质脆易碎，这些剩下来的不能燃烧的白色物质就是构成骨骼的主要材料。

"现在化学让我们知道，骨骼燃烧后剩下的白色物质与用磷酸和石灰化合而成的物质差不多一样。它没有味道，而且它的水溶液也不能令蓝色的花变红或变绿。总之，所有酸和金属氧化物的性质已经完全消失。这种由磷酸和石灰化合而成的物质叫作磷酸钙，俗称磷酸石灰。又因其中含有磷、钙、氧三种元素而被称为三元化合物。

"世界上有很多由一种酸和一种金属氧化物化合而成的与此相同的化合物。这种化合物在化学上统称为盐，所以骨骼燃烧后形成的白色物质也是一种盐，叫作石灰的磷酸盐。"

孩子们听叔叔说到盐便好奇地问："盐是有咸味的，但这些没有咸味的骨骼怎么会是盐呢？"

保罗叔叔道："你们应该注意到，我并没有说它是食盐，只说是一种盐。我们平时所说的盐专指烹调用的食盐，但在化学上，无论它的形状、味道、颜色如何，只要是由一种酸和一种金属化合物化合而成的化合物都叫作盐。

"盐的味道、形状、颜色各不相同。大多数的盐都为无色透明的可溶性物质，和食盐的形状相同，因此得名为盐。有些盐是蓝色的，因为其中含有铜的氧化物；有些是绿的，因为其中含有铁的氧化物；还有许多是黄的、红的，或紫的，几乎各种颜色都有。盐的味道有苦的、酸的、涩的，大都不可口，而且味道像食盐的很少。同时又因为许多盐是不溶于水的，因此没有味道，例如构成骨骼的磷酸钙，建造房屋的沙石和用石膏雕塑的烧石膏等。"

爱弥儿答道："我明白啦，从化学的观点来看，构成骨骼、建造房屋和用来做手工的盐，是完全不同于火腿和饭菜中的盐的。"

"没错，那是截然不同的。因为化学上所谓的盐到处都是，如路上的石子，高山泥土中埋藏的岩石，又或者是田野中的土。"

"那也就是说，盐的数量非常庞大了。"

"没错，有几种盐生成的数量很大，是构成岩石的主要成分。碳酸钙便是其中的一种。它是构成沙石、石灰、大理石以及其他矿石的重要成分。"

"那烧石膏的化学名称又是什么呢？"

"硫酸钙。不过你们还不是很明白这个名词的意义，我们以后再来讲解。现在我们要来说一说关于化学的语法。"

"化学也讲究语法吗？"

保罗叔叔道："没错，化学也有语法。不过爱弥儿你不用担心，化学的语法很简单，你会很容易掌握的。我们先从酸类讲起。我们知道燃烧后的非金属溶解在水里便成为一种酸，譬如燃烧后的磷溶解在水里便成为磷酸。根据这个例子，我们就得出一条化学的语法规则，即：在造成某种酸的非金属的名字后加上一个酸字，便会得到某种酸的名称。

"让我们来举另外一个例子，比如氮。我曾经说过，氮是很难和氧相化合的，但如果我们用一种巧妙的方法，就可以解决这个困难，从而使这两种元素相结合。请问这样形成的酸又该叫作什么酸呢？"

爱弥儿答道："按照化学语法规则应该叫氮酸吧？"

"没错。不过你们应该注意到，我们很少使用氮酸这个名称，通常我们都叫它硝酸，因为在很久以前这种酸是用一种天然的含氧化合物——硝石制成的。还有一种非金属叫作氯，你们还不认识这种元素，不过这也没有什么关系，你们试着按照规则说出它形成的酸吧。"

"那一定叫氯酸。"

"完全正确，是叫氯酸。"

"喔，那也就是说，用碳造成的酸称为碳酸，用硫造成的酸称为硫酸。是吗？"

保罗叔叔道："没错。关于酸类的命名法，你们已经明白了。我们现在再来说一下金属氧化物的命名法。我们称铁和氧的化合物为氧化铁，锌和氧的化合物为氧化锌，铜和氧的化合物为氧化铜，依此类推，凡某金属和氧的化合物就被称为氧化某。不过你们应该注意，有几种金属氧化物我们在习惯上并不这样称呼，而是使用俗名，因为它们的俗名沿用已久，所以在化学上也为之所采用。譬如氧化钙（俗称为石灰）便是其中的一例。

"现在还有盐类的命名法没有说。我们已经知道，盐可以由各种酸和一种金属氧化物化合而成，因此它的命名规则就根据这一事实，即：凡是用某酸和氧化某化合而成的含氧的盐，就被为某（非金属）酸某（金属）。譬如碳酸和氧化钙化合而成的盐就称为碳酸钙。"

爱弥儿答道："我懂啦。譬如磷酸和氧化钙化合而成的盐就称为磷酸钙，硫酸和氧化钙化合而成的盐就称为硫酸钙。"

"没错。不过当某种盐类若是用一种有俗名的氧化物制作而成时，我们往往代以氧化物的俗名来命名这种盐类中的金属名。譬如硫酸或碳酸和氧化钙（俗名石灰）化合而成的盐，往往不称为硫酸钙（即烧石膏）或碳酸钙（即石灰石），而称硫酸石灰或碳酸石灰。化学的语法现在就到此为止吧。"

"说完全了吗？"

"话虽没有说完全，但要点都在这里了。"

"那还是挺容易学的。"

"我早就和你们说过了，化学是很容易学的。"

名师点评

活泼的金属元素，如镁和钙等，因为太活泼，在自然界中并没有单独存在的单质。它们很容易与大气中的氧气结合被氧化生成对应的氧化物，其氧化物有些性质也比较活泼，能跟水或二氧化碳等物质继续反应生成其他的物质。也正因为这些金属元素太过活泼，因此很难用常规的化学反应的方法制备得到，一般是通过特殊手段，比如电解获得，因此单质成本较高，价格高昂。在空气中或氧气中燃烧镁或钙单质都可以得到对应的氧化物，氧化钙和氧化镁都是白色的固体，但从外观上很难分辨。这类含有金属元素的氧化物称为金属氧化物。

按金属活泼性强弱排序：钾、钙、钠、镁、铝都排得较为靠前，且活泼程度依次减弱，最活泼的金属如钾钙钠，极易燃烧，且燃烧时不能用水扑灭，因为它们都可以与水剧烈反应，且生成更为易燃易爆的气体——氢气，如 $2Na+2H_2O=2NaOH+H_2\uparrow$，镁也可以与水反应：$2Mg+2H_2O=Mg(OH)_2+H_2\uparrow$，但因其性质较前面那些金属弱了一些，且生成的氢氧化镁难溶于水，会覆盖在镁块表面阻止后续反应，因此镁与冷水反应较为缓慢，加热后才有明显冒气泡现象（生成氢气）。

金属钾、钙、钠在常温下与空气中氧气反应得到对应的金属氧化物氧化钾、氧化钙和氧化钠，这些金属氧化物与水反应会生成对应的碱性物质：比如氧化钙与水反应会生成氢氧化钙——$CaO+H_2O=Ca(OH)_2$，这也是我们前面说的生石灰（CaO）吸水和水蒸气变成熟石灰[$Ca(OH)_2$]的过程。这个反应过程会放出大量的热，所以一般作为自热米饭的热量来源。生成物氢氧化钙是一种碱，它的溶液呈碱性，会使得紫罗兰提取液变色，但与磷酸不同，磷酸会使紫罗兰变红，氢氧化钙等碱性溶液会使得紫罗兰变绿。酸都可以让紫罗兰变红，碱都可以让紫罗兰变绿。像氧化钙这种能与水反应生成对应的碱的金属氧化物，我们也称为碱性氧化物，所有的碱性氧化物都可以与酸反应生成盐和水。这里的盐不是指我们日常所说的食盐，而是一类物质的泛指，盐包含了碱性氧化物（碱）的一部分——金属离子，也包含了酸的一部分——酸根离子，比如氧化钙和磷酸反应就会生成磷酸钙和水：$3CaO+2H_3PO_4=Ca_3(PO_4)_2+3H_2O$，熟石灰氢氧化钙与磷酸反应也生成磷酸钙和水，磷酸钙就是一种盐，含有钙、磷和氧三种元素，包括氧化钙的一部分（Ca离子）和磷酸的一部分（PO_4离子），它也是人体骨骼的主要成分。含有钙元素的盐还有很多，比如大理石和石灰石的主要成分碳酸钙（$CaCO_3$），可以由氧化钙和碳酸反应得到，用来做石膏雕塑的烧石膏硫酸钙（$CaSO_4$），可以由氧化钙与硫酸反应得到。它们都是生产和生活中重要的盐类。

关于要制造纯粹氧的问题，上次我们曾说到过，但是这几天，我们讲的话好像和这个问题没有关系。这件事已经被我们忘记了吗？没有，这个问题现在我们就要来解决。含有氧的酸和含有氧的金属氧化物化合成了大部分的盐，这个我们已经了解。所以，助燃的氧我们可以从这种盐里制取。

第二天，保罗叔叔又接着进行他的谈话。

他说："关于要制造纯粹氧的问题，上次我们曾经说到过，但是这几天，我们讲的话好像和这个问题没有关系。这件事已经被我们忘记了吗？没有，这个问题现在我们就要来解决。含有氧的酸和含有氧的金属氧化物化合成了大部分的盐，这个我们已经了解。所以，助燃的氧我们可以从这种盐里制取。因为大多数含氧的盐都结合得很牢固，就像磷酸和氧化锌化合时一样，氧不容易被释放出来，所以还需要好好选择制氧所要用的盐。我们从化学家那里了解到，有一种叫作氯酸钾的含氧的盐类物质，不仅氧气含量多，而且很容易分解。"说着，保罗叔叔在孩子们面前放了一个装了小鳞片状透明的白色物质的瓶子。

保罗叔叔说："氯酸钾就是这个瓶子里的白色物质，也是我从药房里买回来的。"

爱弥儿说："它和烹调用的食盐很像。"

"对，是有点儿像。但是它们在性质上完全不同。第一，食盐是咸的，而氯酸钾却不是咸的；第二，有很多氧包含在氯酸钾中，而食盐里却一点儿氧都没有。我跟你们说，趁这个机会，有一件事你们要记清楚：我们上面说的都是含了氧的酸和盐，但是在化合物中还有一种酸和盐是不含氧的，不含氧盐类其中的一种就是食盐，而且大部分的盐类都和食盐一样是无色透明的结晶体状，盐类的得名就是因为这种表面上的类似。"

"那像你说的那样，一定有助燃的氧含在这种氯酸钾里。"

"对，氯酸钾里不仅含有氧，而且氧的含量很多，好几升纯粹的氧只用一把氯酸钾粉末就可以制成。氧在这种物质里，被压缩得非常的小别的东西化合。现在，你们尝试用化学的语法，给我解释一下氯酸钾这个名词的意义。"

喻儿说："我们可以从氯酸钾这个名词知道，它是由氯酸和氧化钾化合成的物质。我没有见过氯酸这东西，但是我知道有一种非金属氯和一种助燃的氧含在里面。当然，就有助燃的氧和一种叫钾的金属含在氧化钾里。由此得知，氯酸钾是由氯、氧、钾这三种元素组成的化合物。"

"对，你们都没有见过氯和钾这两种元素，氯是一种俗称为'氯气'的有毒气体，这种氯在食盐中就有；钾是一种金属，和钙很像，但是相比于钙，质地更加柔软，遇水更容易着火，火柴的灰烬里就有钾。但是今天我们用不着详细了解这两种元素，你们只需要知道，可以用化学方法来检查所有很普通的东西，然后从中得知一些很奇异的事实。"

"现在我们再来说说氯酸钾，这种化合物只要被稍微加热就能放出氧，非常容易分解。氯酸钾也是我们之前说到的红头火柴中的一种助燃物质。"

说着，保罗叔叔就在炭火上撒上一把氯酸钾粉末，很快有气泡从粉末中发出,粉末渐渐熔化,炭火好像被风箱通了风一样突然烧得很旺。

爱弥儿惊讶地说:"为什么在撒了一些氯酸钾粉末之后,本来并不旺的炭火会烧得这样旺呢?就算你用风箱一直扇,它可能也不会烧得这么红热。"

保罗叔叔回答说:"风箱里扇出来的只是空气,因为不助燃的氮比助燃的氧在空气中的分量多,所以就减弱了氧的助燃效力。但由于氯酸钾受热分解放出的气体是纯粹的氧,所以炭火才会炽燃。"

说着,保罗叔叔在炭火上又撒了一把氯酸钾,两个孩子凝视着气泡是怎么从这易燃的物质中发出,继而氧产生帮助炭火燃烧。

喻儿看了一眼后,突然想起来一件事,他说:"有一天,我看见一种白色的粉状物质出现在园子里潮湿的泥墙上,它被我用鸡毛刷在纸上,听别人说,这是一种叫硝的东西,火药可以用它制造出来,曾经它被我放在炭火上,那木炭就像被撒了氯酸钾一样猛烈地燃烧。请问,在火上撒上这种硝,会不会也有氧产生呢?"

"硝的确就是你在潮湿的墙上看见的白色物质,也就是我昨天说的那种可以用来制造硝酸的硝石,硝酸钾是它的化学名称。从它的名称来看,可以知道这物质是一种盐,硝酸和氧化钾化合产生了它,所以其中氧的含量很多,这氧不仅得之于酸,而且还得之于氧化物。它被你撒在火上时会分解,氧就由于分解产生了,这就是为什么木炭会因为它而炽燃。由此得知,从泥墙上收集来的硝石和氯酸钾的作用是相同的,它们都极易分解,并且助燃的氧会在它们分解时产生。但是，我必须告诉你们，因为硝酸钾不如氯酸钾那样容易分解，所以用硝酸钾制造氧是不合适的。仅仅加热并不能使硝酸钾放出它所含的氧的，必须有像木炭那样的某种着火的可燃物质和它直接接触才可以。而氧如果是这样产生的，燃料中的碳元素立刻就会把它夺过去，化合产生另一种化合物。因此，仍然没有办法来收集我们所要的氧。但是只要稍微加热氯酸钾，它就会释放出所含的氧。"

喻儿说："我还有一个疑问。"

"你只管问。你的问题我很喜欢回答，因为有意思的问题只有缜密的头脑才能想出。"

"氯酸钾被你一撒在炭火上就开始熔解，然后就有氧气从产生的气泡里被放出来，到最后只有一些不能燃烧的白色小颗粒剩了下来。我想问的是，这留在炭火上的白色颗粒是什么物质？"

"你的问题很好，因为这个问题是很重要的。氯酸钾受热分解，才得到了这剩下的不可燃的白色颗粒。试想，本来有氯、氧、钾这三种元素包含在氯酸钾中。现在，由于这三种元素之一的氧已经没有了，所以一种和氯酸钾完全不同的化合物就由剩下来的氯和钾两种元素化合而来。因为是由氯和钾化合而成了这种化合物，所以它叫氯化钾。

"现在趁这个机会，我给你们讲一条新的化学语法规则：这种由各种非金属元素和各种金属元素化合而成的化合物的统一名字就是某（非金属）化某（金属）。就像氯化钾是由氯和钾化合而来，硫化铁是由硫和铁化合而来。

"我们再回过头来说一说制造氧的办法。用氯酸钾来制氧，是一件即使不熟练的实验者也不会感到一点儿困难的事。首先，他必须找到一种可以让氯酸钾在其中分解的玻璃容器。在没有适当的容器的时候，也可以用一个低矮的大药瓶，不过这个大药瓶不仅要薄，而且要厚薄均匀，这两者是使玻璃受热而不会破裂的必要条件。玻璃越薄，它就越不容易因为温度的剧变而破裂。看看这个杯子，虽然杯底和你们手掌一样厚，但其他地方都非常薄。如果在本来就装了热水的杯子里加冷水，或者在装有冷水的杯子里倒热水，杯子都有可能破裂。反过来说，做同样的实验，但是如果用的杯子厚薄均匀，那么是绝对不会破裂的。所以我们现在要选择一个不仅最薄而且瓶壁、瓶底厚薄都一样的瓶子，我们的选择是否审慎，完全决定了我们的实验成功与否。"

爱弥儿说："但是在我看来，越厚的瓶子就会越牢固、越适用。""对，如果是针对撞击或熔解来说，你说的是对的，但这和撞击的问题不同，因为我们并不会在做实验的时候拿这个瓶子去撞击坚硬的东西。而氯酸钾分解时需要的热，不仅不能使玻璃熔解，就连将它软化都不行，所以它是否容易熔解，也不是问题。但是耐得住温度的变化却是我们所用的瓶子所必须具备的，所以选择的玻璃瓶应该薄一些。"

"如果装氯酸钾的玻璃在炭火上破裂了会发生什么事呢？"

"那也不会有什么。只会因为炭火上落上了氯酸钾，会因为它放出的氧燃烧得特别旺盛而已。"

"那然后呢？"

保罗叔叔道："然后我们就要换外一个瓶子。在没有适当的瓶子时，可以用只有化学仪器中才用的烧瓶。这种玻璃容器是无色透明的球状，上面的瓶颈跟手指一样长，在普通的药房中就可以买到。我最近从城里买来的就是这种烧瓶。

"这和某种养金鱼的瓶子很像，只要一点钱，金鱼和瓶子就可以被一齐买回来。

"我们也可以用这种金鱼瓶子，只要它真的足够大。但是却不能用别的东西来代替弯曲导气管，把烧瓶中产生出来的气体通到集气瓶里去。这种导气管是由玻璃做成的，虽然可以在化学仪器店里买到弯曲的玻璃管，但是因为价格很高，不如我们自己动手做。各种三四尺长的直玻璃管可以在仪器店里买到。因为无色的玻璃比绿色的更容易烧软，所以我们只要买一种直径跟铅笔一样的无色薄玻璃管。这种直玻璃管我已经买到了，所以，现在我们按照下面的步骤来做：切取任意长短的一段直玻璃管，可先在要切断的地方用三角锉锉一条痕迹，然后在桌棱上轻轻地压折，这样可以把两段折得很整齐。其次是要如何让这折下来的玻璃在这一个实验中最适用。只需要很简单的步骤，先在火上加热熔软玻璃管上要弯曲的各点，再渐渐弯曲就成。如果玻璃是易熔的，那么炭火的温度就可以了；但是要弯出准确的角度，就只有用酒精灯。所谓酒精灯，跟旧式的煤油灯很像，就是在一只金属或者玻璃制的杯子或容器里装上酒精，只是这由棉纱做成的灯芯更粗。烧的时候，双手拿住玻璃管的两端，酒精灯的火焰上对准要熔软的点，为了让它均匀地受热，手指要不停地旋动玻璃管。当那玻璃管软到可以弯曲后，就轻轻用力弯曲，再令它慢慢冷却。

"用一个有孔的塞子将这样弯曲的玻璃管和烧瓶相连接，为了使孔隙中不会漏出气体，必须让所用的塞子与瓶口和玻璃管密合，因为气体只需要极小的孔隙就可以完全逸去。那么应该如何做成这样的塞子呢?

"用石块、锤子等重物，轻轻地打几下捡来的木质细致、形状完整的软木塞，它就会柔软并且呈现弹性。然后在木塞中穿过被磨尖并在火上烧红的粗铁丝的一端，再用锉刀锉大这样得来的小孔。锉刀的直径不能比玻璃管的口径大。我们可以用这样的锉刀来慢慢锉大木塞中的小孔，一直到玻璃管能刚好穿得进去。为了使它与瓶颈密合，还要再用细的平锉锉光。你们在处理木塞的时候应该注意，锉刀的工作是无论多锋利的刀子都不能替代的，因为气体会因为软木塞的不圆整而漏掉。一个紧密的软木塞是实验成功的必要条件。所以，一把用来锉断玻璃管的细的三角锉，一把用来锉大木塞中所穿小孔的圆的鼠尾锉，一把用来把木塞锉成适当大小的粗的平锉，一把用来锉光木塞沿边的细的平锉，这四种锉刀是我们的实验室里不能缺少的。"

说着，保罗叔叔手上还一边在示范，比如如何在酒精灯上加热弯曲玻璃管，如何在木塞上穿孔，锉刀怎么用……全都示范了一遍。不久，他就准备好所有的东西了。

保罗叔叔接着说："准备好所有需要用到的工具，现在做实验就很容易了。但是还有一句重要的话我必须跟你们说，本来只要加热就可以让氯酸钾分解、放出所含的氧，但分解作用会随着时间渐渐变得缓慢，所以如果要氯酸钾完全分解放出所有的氧，就必须有能够使烧瓶熔化的强热。然而如果烧瓶因为要制备少许的氧而被弄坏，这成本就太大了。化学家发现，氯酸钾的分解会因为一种黑色物质的加入而被促进。在化学上，这样的物质就是所谓的催化剂，它和机器上所用的润滑剂的作用是一样的。润滑油加在机器上，机轴会变得灵活，轮轴会旋转得更加容易。在氯酸钾中添加这种黑色的催化剂，在较低温度时它就可以被分解，只需一些炭火的热量就足够了，而且烧瓶也不会有任何危险。

"那么到底什么才是这种使氯酸钾容易分解的东西呢？这种东西必定是不能燃烧的，或者就是已经燃烧过，已经和氧化合，现在不会再燃烧。某一种金属氧化物才是对我们这实验最好的物质。这种氧化物在化学上叫作二氧化锰，是一种存在于某种矿物里的黑色粉末，在普通的药房就可以用很便宜的价钱买到。锰本身和铁一样，是金属元素，在自然界中纯粹的锰是很少见的。各种不同的金属氧化物可以由锰和氧化合产生，而其中最常见的一种就是我刚才说的二氧化锰。

"现在我先在纸上撒一大把氯酸钾粉末，在其中加入二氧化锰粉末并混合，再放入在橘子形状的烧瓶中。然后向瓶颈中插入附有弯曲玻璃管的木塞，并用三角形的铁丝架托着这个装置，把它放在炭火炉上加热。

"在动手做实验以前，还有一个问题我们需要解决。因为我们要把制成的氧集在广口瓶中，而广口瓶是倒立在盛满水的水盆中的，所以倒立的广口瓶的口要插入弯曲玻璃的一端，这样，广口瓶就必须以一个倾斜的位置固定：要是实验持续的时间比较长，那么用手来握住会耗费太多的腕力，所以最好是用什么东西支撑起广口瓶并使之悬空，但是怎么在广口瓶被垫高的情况下把烧瓶上的弯曲玻璃通进去呢？这件事很容易，我们可以把一个很小的底下有孔的花盆敲去一片，让它和茶杯的高度一样。就算盆边不整齐也没关系，只要它倒置在水中时底是水平的，广口瓶可以直立于其中就行。最后我们在水盆的中央倒放上破花盆，把广口瓶倒立在盆底的孔上，把那弯曲的玻璃管放在盆边的大缺口上。通过这样的装置，从烧瓶里产生的氧就可以在经过玻璃管和花盆后，最终被收集在广口瓶里了。

"孩子们，我已经说明白了今天的实验。要把这个实验装置说明白，真的比做起来还不容易。我保证你们今天这枯燥无味的准备，一定会被明天的实验补偿的。"

名师点评

　　要制取氧气，首先要找到一种含有氧元素的物质，这是一种元素守恒的思想，因为在化学反应过程中元素不生不灭。像氯酸钾这样的物质就含有钾元素、氯元素和氧元素，因此可以用来制取氧气。它是一种重要的盐类，可以由氯酸和氧化钾反应得到：$2HClO_3+K_2O=2KClO_3+H_2O$。氯酸钾可以用来制取氧气，还有一个更为关键的性质在于它受热很容易分解，分解过程中会生成氧气：$2KClO_3 \stackrel{\triangle}{=\!=} 2KCl+3O_2\uparrow$，同时还生成了氯化钾，这也是一种盐。氯酸钾往往也作为火柴中重要的助燃物质，用以提供氧气帮助火柴划着点燃。如果加入类似二氧化锰（MnO_2）之类的催化剂共热，会使该分解过程更顺利地进行。

　　硝酸钾（KNO_3）也是一种重要的盐类，俗称硝石，含有钾元素、氮元素和氧元素，可以由硝酸和氧化钾反应得到。单独加热硝酸钾难以得到氧气，加入碳或硫有利于其中氧元素的释放，但是这样的话，释放出来的氧元素又很容易马上就转化为二氧化碳和二氧化硫，比如黑火药中就含有硝酸钾、碳粉和硫粉，三者共热会反应：$2KNO_3+S+3C \stackrel{\triangle}{=\!=} K_2S+N_2\uparrow+3CO_2\uparrow$。因此，硝酸钾不适合用来制取氧气。这说明选取化学反应的反应物需要技巧，不只是看元素种类那么简单。

　　除了要有合适的反应物，制取氧气还需要一套合适的仪器，组装成严密的装置。制取气体（如氧气）的装置一般包括制取装置——可以让制取氧气的反应发生和收集装置——可以收集产生的氧气，这些装置仪器可以用角度合适的玻璃弯导管连接起来。我们可以通过加热吹制普通直型的玻璃管来制作各式各样的玻璃弯导管，这些玻璃导管配上合适口径的软木塞，可以在氧气等气体的制取过程中大显身手，帮助我们完成气体的导出和收集。化学实验中仪器的动手制作、改造和搭建，不仅可以培养我们动手操作的能力，更能培养系统设计的逻辑思维。

趁现在烧瓶中还有多余的气体，我要用这个有底的玻璃筒来装满氧。现在你们好好看着，由于水中的气泡上升得很慢，我们可以知道烧瓶中的氧开始慢慢减少。但是烧瓶里混合物的形状却没有变化，其中剩下的二氧化锰还是放进去的时候的样子。它只是起了机器上润滑油的作用，促进了氯酸钾的分解，所以既没有增加，也没有减少。

"这十多升氧，全部是由氯酸钾分解产生的吗？"

"都是由少量的氯酸钾分解产生的。我不是曾经说这种盐就是氧的栈房吗？氯酸钾中氧的含量非常多。用化合作用把这种气体收集来，并且压缩后打成小包储存起来。现在烧瓶里还有剩余的氧，这个罐子我也想拿来装氧。"

说完，保罗叔叔就在水盆中的花盆底上倒立了一个盛满了水的装糖果的玻璃罐。看见这样一种器皿被叔叔用来做实验，孩子们觉得十分好笑，保罗叔叔接着说：

"看见这个糖果罐被用来做实验，你们就觉得好笑吗？你们认为盛过糖果的罐子就不能用来装氧吗？这样想是没有道理的。我们只要用合用的简便一点的容器就行了。这个实验用我们现在这样的装置做出来，效果一定很好，即使在完备的实验室做也不会比我们好。

"趁现在烧瓶中还有多余的气体，我要用这个有底的玻璃筒来装满氧。现在你们好好看着，由于水中的气泡上升得很慢，我们可以知道烧瓶中的氧开始慢慢减少。但是烧瓶里混合物的形状却没有变化，其中剩下的二氧化锰还是放进去时候的样子。它只是起了机器上润滑油的作用，促进了氯酸钾的分解，所以既没有增加，也没有减少。而氯酸钾现在却由于释放了所有的氧，所以现在它已经是我们昨天在炭火灰烬里看见的白色物质了。更简单地说，就是：它已经变成了氯化钾，和氯酸钾截然不同。好了，现在我们用这些收集到的氧来做实验吧。先用完玻璃筒里的氧再说吧。"

他用的还是以前的方法——先把倒立在水底的玻璃筒的口用手掌掩住——然后玻璃筒被保罗叔叔从水盆里拿出来直立在桌上，然后用一片玻璃把筒口盖上。接着，他又像在实验氮的时候一样，在一根弯曲的铁丝上插上一个蜡烛头。然后，蜡烛被他点燃了，等到烛焰炽燃后，它又被他吹灭了，但是依然有将熄未熄的火星留在烛芯上。

他说："虽然这个蜡烛头的火焰被熄灭了，但是依旧有红红的火星留在烛芯上。现在它要被我放到盛氧的圆筒里去。你们好好看着！"

　　筒口的那片玻璃被他揭去了，圆筒中插入了蜡烛头。随着噗的一声响，烛焰重新燃了起来，放出的光彩十分明亮。然后蜡烛头被他拿出来再次吹灭，在烛芯上还留有火星却没有完全熄灭时，再放入圆筒里，随着噗的一声，烛焰又再次燃了起来，并在燃烧时放出强光。这样一次次的实验，结果都是一样的。看见这烛火的自燃，爱弥儿拍着手表示他的高兴。

　　他说："氧和它的同伴氮的性质完全不同。将熄的物质会因为氧而炽燃，但是炽燃的物质反而会被氮熄灭。保罗叔叔，我可不可以亲自实验一下？"

　　"当然没问题。但我跟你说，因为每次烛焰复燃，都有少量的氧被它用去，所以这个圆筒里的氧可能快没了。"

　　"但不是还有很多的氧装在那边的四个瓶子里吗？"

　　"我还要用这几瓶氧来做更重要的实验。"

　　"那么我应该如何做呢？"

　　"你只有把糖果罐里的氧拿来做实验，我希望你只把它当成一个玻璃筒，而不是糖果罐。"

　　"可以，那也没什么不一样，我会听你的话。"

　　"是的，糖果罐和玻璃筒在这个实验中的作用是一样的。我用这个糖果罐的原因，就是要让你们了解，各种有意义的实验器具，用家常的器皿有时候也可以做。我们在这里用到的玻璃筒可以算是一种奢侈品，在这个小村庄是不太能看见的。实际上，你只要用任何一个能插入蜡烛头的广口的瓶子或罐子，都可以复习这个实验。

好，现在，你可以自己做实验了。"

罐子被爱弥儿放在桌上，他开始做刚才叔叔做的实验了。烛火被熄灭又点燃，点燃又熄灭，反复好几次，简直比用玻璃筒做出的结果还好。

保罗叔叔说："你看，这个罐子也很好对吗？"

"对的，非常好。"

"所以我们要注意的是盛在容器里的东西，而不是容器本身。只要蜡烛头被我们伸进氧里，自然就会复燃，跟盛氧的容器是玻璃筒还是糖果罐完全没有关系。现在这个实验做完了，就让这蜡烛头在氧里面自己燃烧吧。你们看仔细了，不久它就会熄灭了。"

果真，一进入氧里，烛焰就开始燃烧得十分猛烈，火焰不仅十分明亮，而且非常热，和在空气里燃烧时完全不一样，烛上的蜡都被融化成蜡泪滴了下来。很明显，如果蜡烛头可以在空气中燃烧一个小时左右，那么它在氧中燃烧几分钟就会完结。最后，等到因为缺氧火焰熄灭后，保罗叔叔才接着说下去。

他说："有一件事，我要在继续这个实验之前告诉你们。因为某种物质有酸味以及能让蓝花变红的特性，所以我们才认为它是酸。但由于有些酸类的味道会弱得让味觉不能感觉到，所以单纯用味道来鉴别酸，实际上并不靠谱。利用酸能使蓝花变红的特性来鉴别的方法比较妥当，不过如果实验的酸属于弱酸，那么蓝花也不能变红。化学家发现，有一种叫石蕊的生长在树皮或岩石上的地衣类植物，它含有一种对酸类有着敏锐感应的蓝色色质。药房的人于是在一种疏松的纸上浸透这种色质的溶液，做成一种叫作石蕊试纸的实验品来卖。

"因为这种石蕊试纸比蓝色花呈现反应更为容易，它一遇上酸，很快就能变成红色，所以用这种试纸来鉴别酸类是最便利的。石蕊试纸就是放在这个匣子里的小纸片，现在，在这石蕊试纸上滴上我用玻璃棒在这瓶硫酸里蘸取的液体，它马上就变红了，于是我们可以知道这个瓶子里的液体是一种酸。"

喻儿说："如果酸可以令石蕊试纸变红，那么它一定可以和蓝色花一样被可溶解的金属氧化物变成绿色，我们就可以使用这种办法鉴别某种物质是不是金属氧化物了。"

"你的推理虽然看似理由充分，可实际上并不是这样的。石蕊是不能被石灰和其他可溶解的金属氧化物变成绿色的。但是已经被酸液变红的石蕊试纸在遇到可溶解的金属氧化物时，恢复到原来的蓝色，所以药房中既有保存原来颜色的蓝试纸，也有遇酸变红的红试纸。实际上，只需要准备一种试纸就够了，但是为了应用时可以更为便利，大部分普通的实验室里两种试纸都有。现在，我在刚才变成红色的试纸上滴上石灰水，这试纸马上就恢复成原来的蓝色。如果我再用酸液滴在这蓝色试纸上，那么它还是会变红的。在红色试纸再滴上石灰水，就又呈现蓝色。试纸像这样由蓝变红，又从红恢复到蓝，这样的反复实验是可以无限进行的。于是，我们就可以用这个方法实验某种物质是酸，还是可溶解的金属氧化物。也就是说，只要是能把蓝试纸变红的就是酸，只要是可以让红试纸变蓝的就是金属氧化物。

　　"如果现在没有石蕊试纸，那么我们只有用蓝色花来代替。最好是先用锤子把很多蓝色的花捣烂，然后放进水里搅匀，用这种方法制成的浅蓝色溶液就可以代替石蕊试纸。酸会使这种水溶液呈现红色，而可溶解的金属氧化物可以让它呈现绿色。你们应该注意，这种蓝色花的水溶液是不能被弱酸变成红色的，所以真正做实验的时候，最好还是用石蕊试纸。

　　"闲话已经说完了，现在再来继续做实验。我们要把一些物质放在含氧的瓶子里燃烧，看它们是怎么燃烧的。先试试硫吧。

　　"用上次在盛氮的瓶中燃烧磷、硫一样的方法，我把铁丝的一端弯成圆形，再把用碎瓷片做成的一只小杯放在上面，然后在一个大的软木塞里插入铁丝：这个瓶塞就既可以用来盖住瓶口，又可以使瓷片保持在适当的位置。在没有软木塞的情况下，也可以拿来用。为了方便调整瓷片的高低，让它保持在瓶子的中央以得到充分的氧气，铁丝的另一端必须在软木塞或厚纸上露出来。"

　　做好了准备，保罗叔叔小心地在水盆里放入水杯和倒立在水杯中的大瓶子，然后杯子在水底下被拿开，而瓶口被手掌掩住。用这样的办法，能很容易地在瓶子里的氧和外界的空气不会混杂的情况下，把瓶子拿出来并直立在桌子上。一片小玻璃作为暂时的瓶盖，盖在了瓶口上。把小粒硫黄放在插入软木塞里的铁丝另一端的瓷片里，然后保罗叔叔把硫黄点着，向瓶中伸入铁丝，瓶子的中央就是那被软木塞吊住的瓷片。

　　所有人都知道，硫黄在通常情况下，不仅燃烧得很迟缓，而且发的光也很微弱。所以两个小化学家不能不对现在的燃烧感到奇怪。为了防止硫燃烧的光彩被照进来的日光减弱，所以保罗叔叔事先已把百叶窗合上了。现在，硫燃烧时有很强烈的臭味发出，与此同时，有一种美丽的蓝光放射出来，室内被照得像在水底一样。

爱弥儿拍着手，激动地大叫："真好看！真好看！"

屋子里因为瓶中透出了硫燃烧产生的烟，而散布着一种使人窒息的异臭。所以保罗叔叔在火焰熄灭后立即打开了窗子。

他说："好了，瓶子里的氧已经被这硫烧尽了。现在我不需要细说硫在氧中燃烧的情形了，你们的眼睛给出的评论会比我说的更为恰当。根据观察你们可以知道，硫在氧中燃烧和在空气中燃烧时生成了不同的热，发出了不同的光。现在我进一步问你们，刚才燃烧的硫现在怎么样了。即有什么东西由硫和氧化合成了呢？一种不仅有异臭、不可见，而且还会使人咳呛的气体产生了。我们的嗅觉和咳呛都告诉我们，有一部分这种气体已经散逸在空气中，但是空瓶子里还留着大部分这种气体。现在石蕊试纸会被我们用来测试这种气体是什么东西。不过因为石蕊色质是不能和干燥的物质发生反应的，所以我们要先把这种气体溶解在水里再来实验。我先注一些水在瓶子里，震荡一下，让气体可以在水里溶解，然后在蓝色试纸上滴上这种溶液。现在你们看到了，试纸已经变红了。我们可以从中知道些什么？"

喻儿说："我们可以根据它知道这水溶液是一种酸，也就是一种酐由硫燃烧产生了。"

爱弥儿插嘴说："这个方法真的很简单。照理，我们只有用舌头来尝某种物质的滋味，来鉴别它是不是酸，但如果用的是石蕊试纸，我们用眼睛看就行了。"

保罗叔叔对他的话表示赞同，说："这确实很简便，你们想，我们要知道一种看不见、感觉不到的物质是什么东西，当然是很困难的一件事。而现在我们拿它的水溶液和石蕊试纸反应，它马上就会告诉我们：'这物质是酸。'"

"它说了这水溶液尝起来是酸的吗？"

"肯定呀。只要是这个东西能把蓝试纸或蓝花变红，它就是酸的。"

喻儿说："你曾经说过的叫硫酸的酸是另一种用硫造成的酸。是不是有两种酸是由硫造成的？"

"对，孩子，硫可以造成含氧量较少和含氧量较多的两种酸。叫作亚硫酸的酸中氧的含量较少，并且酸性较弱；而硫酸中的氧含量较多，且酸性比较强。不管在空气中还是纯氧中，如果只用燃烧的方法，硫只能和定量的氧化合而生成亚硫酐，所以只能在水里溶解成为亚硫酸。在化学中，还有另一个可以使硫和氧尽量化合而成为硫酐的间接的办法，硫酸就可以由这硫酐溶在水里得来。现在已经说了足够多的硫的知识，我们再来看一下，在纯氧中燃烧碳会有什么现象发生呢？"

一条小指大的木炭被缚在铁丝的一端，而作为瓶盖的圆形厚纸片则穿在了另一端。然后木炭的一角被保罗叔叔放在烛火上燃着后，随手就被插入了另一个事先准备的装有纯氧的瓶中。

这次发生的景象，和刚才硫在纯氧中燃烧的情形一样美丽。本来被烛火燃烧的那一角只有很小的一点火星，但一把它放进瓶里，就有明亮的、炽热的火焰产生，木炭很快就被火焰全部蔓延而成为一个高热的小熔炉。一种白热的光被发出，有火花被它射向各处，好像有许多流星被关在了瓶子里。从木炭插入瓶中，到完全着火只是一瞬间，即使在空气中用风箱通风，也不会这么快。爱弥儿目不转睛地看着木炭炽燃，说："在空气中我也能弄得出这热、这光和这些火星出来。只要在风箱口头放上燃着的炭火，它就会燃烧得像在这瓶子里一样了。"

保罗叔叔继续说："这是很自然的事。风箱中吹出的是混杂着大量的氮和氧的空气。虽然氧的效应被氮减弱了，但是很快地、不断地通风，也可以让木炭炽燃得像在这瓶子里一样。"

最后，木炭的光因为瓶子里氧被用尽了而渐渐暗了下去，直到变黑了。这时把在事先关上的百叶窗打开，太阳光又进来了。

保罗叔叔说："碳燃烧后变成了什么东西呢？我们必须解决这个问题。一种不可见的，几乎没有臭味的气体留在了这个瓶子里，如果仅仅只凭我们的嗅觉和视觉，我们一定会认为瓶子里的东西完全没有改变。但是如果仔细地检查这瓶子里的气体，我们就会知道它是完全不同于氧的气体。首先，木炭在瓶子里最开始燃烧得很猛烈，现在却不再燃烧了。那么如果插入燃烧的烛火，自然也烧不起来了。你们好好看着！这燃烧的烛火被我伸入瓶子后，还不到瓶颈就很突然地熄灭了。由此可见，现在瓶子里一定没有氧了，如果有，这烛火一定会燃烧得很旺盛。

"再做一个实验：我注一点儿水在瓶子里，然后稍稍震荡，在水里溶解这瓶子里的气体，再放进去一张蓝色试纸，于是试纸的颜色变得淡红了。可见这水溶液是另一种酸。也可以知道现在这无色无臭的气体是一种性质和氧不同的酐，显然这一点不同是因为碳（即木炭）和氧结合而造成的。因此一个奇特的结论可以被我们总结出来：有少量硬而且重的碳包含在这种无色透明的气体中。"

爱弥儿赞同地说："那是肯定的。不过如果有人仅仅告诉我有黑色的碳在这透明的气体里，却难以给出确切的证明，那么我绝对不相信。喻儿，你说对吗？"

"对，我们很难相信碳含在一种看不见、感觉不到的气体里，如果最开始保罗叔叔就给我们说这个什么都看不见的瓶子里有碳，而又没有一步步地教导我们到现在这个程度，我们一定会非常惊讶地看着他。可是现在因为证据确凿，已经不容我们产生疑问。因为木炭燃烧后变成了气体，而蓝色试纸会被它的溶液变成红色，所以这气体是一种酐，它的水溶液是一种酸。不过这酐和酸的名字是什么呢？

"你们自己试着用以前学的化学的语法，把它们的名字说出来吧。"

"哦，我记不起来了。碳就是木炭，在碳的下面加一个酐字就成了由燃烧生成的气体的名字——碳酐。在碳的下面加一个酸字就成了这气体的水溶液的名字——碳酸。"

爱弥儿问："碳酸也是有酸味的，对吗？"

"酸味肯定是有的，只是因为它的味道比较淡，并且还有很多水分在这瓶子里，所以几乎是感觉不出它的酸味的。而且它只能使蓝色石蕊试纸出现一点点的红色，不会完全变成红色，也是因为这个。如果以后有机会，我一定会让你们相信碳酸确实是酸的，现在我们再准备把第三个盛氧的瓶子拿来做实验。我要拿一些铁在这个瓶子里燃烧，烧这铁时，我不会像铁匠打铁一样先把它拿到熔炉里烧到炽热，我只用一根火柴像点燃爆竹的引线一样点燃它。"

爱弥儿感到好奇，问："火柴的热力可以把这铁燃着吗？""当然，跟点燃爆竹的药线一样容易。这里是一根我从钟表匠那里要来的没有用的表上的旧发条。因为这样形状的铁占的面积最大，便于和氧接触，所以用在这个实验中最合适了。如果找不到发条，那么用最细的铁丝也可以。为了使它的质地变软一点，现在用砂纸来擦去这发条上的锈污，再用炭火把它加一加热。然后它被我绕在一支铅笔杆上，成为螺旋状，一端被钉在了一张当作瓶盖的圆形厚纸上，把一两支火柴卷入另一端，然后拉长它的螺旋形，使瓶子的中央是附有火柴的一端。如果用铁丝，也不可以省略上面的几个步骤，就是：用砂纸擦净铁丝，把它在木杆上绕成螺旋形，在螺旋形的一端卷上火柴。"

准备好上面说的所有程序，桌子上也直立了第三个还有两三寸的水留在瓶底的瓶子。

爱弥儿好像有一点儿不放心这水，说："还有一些水留在这瓶子里呢！"

"不错，这个实验是用得上这水的。如果没有水，我们反倒需要在里面倒上一些。你们以后自然会知道这水的用处。现在关上百叶窗，我们马上开始做实验。"

保罗叔叔等到屋子里暗下来，就点燃了火柴，向瓶子里伸入螺旋状的发条。于是有强光从火柴上发出。不久，发条也燃着了，像烟火一样射出明亮的星火。这时铁燃烧产生的奇异火焰渐渐蔓延到上面，所有被烧过的地方都熔化凝成了小球，发出闪耀炫目的光亮，然后因为积得大而沉重，滴了下来，进入水中时有嘶嘶的声音发出。接着发条上接二连三滴下凝成球状的熔融物，这种炽热的熔融物在进入水中后没有马上熄灭，甚至有比较大的几颗嵌入玻璃中。如果没有瓶底的冷水，它的高热一定会把瓶底的玻璃熔穿的。

孩子们注视着这氧吞噬铁的实验，表情肃静，但是爱弥儿不免在看了以后，心里感到有一点儿害怕。水里因滴入熔融的小球而发出的嘶嘶声，熔融的小球不能被冷水立刻熄灭，爆发式的发条燃烧，瓶壁上射上火星的淅沥声，一种奇异的景象被所有的这些合成产生。显然这孩子好像以为马上就会发生什么爆炸，用双手遮住面孔。结果除了瓶子上裂了几条碎痕外，什么事都没有发生。这岑寂的气氛被保罗叔叔打破，他说："爱弥儿，铁会燃烧吗？现在你还不相信吗？"

爱弥儿回答说："我相信。铁不仅会燃烧，而且几乎和火花一样，会烧得很猛烈。"

"你呢，喻儿——对于这次实验，你有什么想法吗？"

"燃烧并没有什么稀奇的。但是燃铁的情形不同于燃镁：我们经常能看见铁，从我们过去的经验来看，觉得铁可以抵抗火，所以我们当然会在看见它燃烧得跟刨花柴一样后，更加觉得奇怪。而且对那些熔融的小球滴下后，不会立刻熄灭，反而还在水里继续发出红光的景象尤其惊讶。"

"实际上这些滴下来的熔融物是一种铁的氧化物，而不是铁。你们可以仔细看看这几颗我从瓶子里拿出来的东西。你们瞧，这是一种能被手指的力量碾碎的黑色物质。如果这些是纯粹的铁，就一定不会这样。从它们的脆弱性上，我们可以看出其中还存在着别的元素，我所说的氧就是这元素。这一种东西就是在铁匠打铁的时候，看见的炽热的铁飞射开来的黑色易碎的小鳞片。铁燃烧了以后，也就是铁在被氧化后才生成了它们。你们还应该注意到，现在在瓶子的内壁上有一层以前没有过的微红色的微尘。这红色的微尘是什么，你们知道吗？看上去，它们像什么？"

喻儿回答说："和铁锈很像，至少它和铁锈的颜色很像。"

"这确实就是铁锈，铁和氧化合而成了铁锈，这是你们应该记住的。"

"那么有两种铁的氧化物在这瓶子里是吗？"

"对，有两种，但是氧的分量在它们中是各不相同的。含氧较少的是落在瓶底的那种黑色物质，含氧较多的是凝聚在瓶壁的那种红色粉末。因为将来我会说到这个问题，所以现在就不详细说了。

现在，你们先仔细看看瓶底的裂痕和厚玻璃里嵌的黑色氧化物。"

爱弥儿说："一定是因为当时这种氧化物很热，才会到了水里还把玻璃熔软了。我曾经见过烧红的铁被铁匠放到水里去，但没有像这个样子，而是到了水里就马上熄灭了。"

"如果是这样，是不是必须放点水在瓶子里呀？"

"对，不然的话，这瓶底被熔穿是注定的！"

"不仅如此，并且因为这突然的高热，瓶子会爆裂。实验会因为瓶子在第一滴熔融物落下后破碎，因而不能再继续。幸亏当初这层水被我们留下了，尽管有几条裂痕，总的来说，瓶子还可以用。"

没用过的第四瓶氧还留在桌子上，里面有一只活泼跳跃着的麻雀，一边在笼子里吃着面包屑，还看着他们做实验。保罗叔叔声明过，这一次不会有生命危险，现在这个实验还要用它来做。保罗叔叔向最后一个盛氧的瓶子里放入拿出的麻雀。

在一开始，没有发生什么特别的事。过了不久，这麻雀就像患了热病而发狂地跳跃着，拍着翅膀，顿着脚，嘴不停地啄着瓶壁，行动反而比平常更加活泼。然后它嘴里喘的气很急促，胸部搏动得很剧烈，这显得它已经筋疲力尽，但是它发狂一般的动作却没有因此减弱，反而有所增加，为了防止这麻雀的生命出现危险，它被保罗叔叔急忙取出来放回笼子里，在那里待了几分钟后，它的狂热现象就减退了。

保罗叔叔说："我的实验已经做完了。由此得知氧是一种可以供动物在其中呼吸、生活的气体，所以它和氮的性质是不同的。不过就像你们看到的麻雀那种激动的情形一样，可知生命力在纯氧里甚至会超常的强烈。"

喻儿说："对，这么兴奋，几乎像着了魔一样的麻雀我还从来没有看见过，它为什么被你这么着急地从瓶子里拿出来呢？"

"因为如果再久一点儿，麻雀会被杀死。"

"那么氧这种气体会毁灭生命吗？"

"不，氧可以帮助生命。"

"我不明白你的话。"

"试着回想纯氧中被放入燃烧的蜡烛的情形。在那里面，它十分猛烈地燃烧，许多烛脂在瞬息之间就被耗去了。火焰放射的光十分明亮，呈现的活跃程度很不寻常，但只经过了极为短暂的时间。和烛火一样，在纯氧中生命虽然有强大的活力，但会因为耗用得太过分而经不起长时间的消耗。我们也可以说，动物体内运行的'机器'就像一切速率超过常规的机器一样，因为开得太快而被破坏并导致停止。就如同刚才我们见到的麻雀，是如此的有活力，却又如此的疲乏。不管怎样，因为这小机器会毁坏是一定的，所以我才将它急忙地拿了出来。明天还有可以用得上这只麻雀的地方，你们要好好地照料它。"

名师点评

　　氧气的主要功能是支持可燃物燃烧和动植物呼吸。空气中的氧气占空气的体积只有五分之一左右，剩下的氮气在一般情况下不支持燃烧（只支持少数如镁之类的可燃物燃烧），对氧气的助燃作用起到了稀释作用，因此可燃物在纯氧中燃烧比在空气中要剧烈很多。因为对于可燃物燃烧这样一个反应而言，纯氧中氧气浓度比空气中大，氧气浓度的增大，会直接增大燃烧反应的反应速率。

　　保罗叔叔带孩子们做的几个实验，都是非常有意思的氧气助燃实验。带火星的木条或刚吹灭但烛芯还有火星的蜡烛进入纯氧中，就会马上复燃。已经燃烧的蜡烛在空气中安静地燃烧，放入纯氧中马上会燃烧得更剧烈、迅速，火焰更加明亮夺目。木炭在空气中最多能烧到通红，但是进入纯氧中就可以更剧烈地燃烧，发出白光，放出大量的热。蜡烛和木炭都含有碳元素，因此在氧气中燃烧之后都会生成二氧化碳，二氧化碳水溶液能够让紫色石蕊溶液或试纸变红。

　　硫粉在空气中燃烧的时候呈现淡蓝色的火焰，在纯氧中燃烧得更剧烈，呈现明亮的蓝紫色火焰，放热更多，但无论在空气中或氧气中燃烧，都会生成二氧化硫（SO_2）。二氧化硫是一种无色刺激性气味的气体，它是亚硫酸的酸酐，能溶于水并与水反应生成亚硫酸，亚硫酸是一种中等强度的酸，相比于酸性较弱的碳酸而言，它可以使得紫色石蕊试纸变红更明显。

铁丝在空气中无法直接燃烧，因为空气中氧气的浓度太低，最多把它烧到红热状态。但是如果把铁丝做成螺旋状，增大其与氧气的接触面积，并用绑在铁丝上的火柴或木条引燃，使其在氧气中燃烧，它就会剧烈燃烧，火星四射，生成黑色的固体熔融物是四氧化三铁。四氧化三铁（Fe_3O_4）熔点很高，但是铁在氧气中燃烧放出的热量太高了，极高的温度就让它成了熔融状态。飞溅开的熔融物四氧化三铁温度极高，碰到玻璃器皿瓶底或器壁就会嵌入玻璃，使得玻璃开裂损坏，为了防止玻璃瓶底炸裂，通常可以在瓶底放置一些沙土或水。

氧气可以支持动植物呼吸，麻雀在空气中表现很正常，在纯氧中会出现亢奋症状。这是因为氧气是需氧型生物维持生命不可缺少的物质，但超过一定压力和时间的氧气吸入，会对机体产生有害作用。地球上的动物和植物们，经过长达亿万年的进化，已经适应空气中氧气的浓度。动植物体内的代谢过程，比如消耗糖类提供能量的过程，也是一些与氧气反应的氧化反应过程。人体内的缓慢氧化与燃烧没有本质区别，它可以看成是一种缓慢的燃烧，这样的反应速度需要像空气中一样浓度的氧气与之匹配。如果将他们（它们）置于高浓度氧气甚至纯氧环境中，那该动植物的机体代谢会加速，就像可燃物在纯氧中剧烈燃烧一样，这种加快的代谢对动物很不利，给机体造成了很大的负担。此外，氧气中毒和吸氧时间密切相关，高浓度氧气吸入时间越长，越容易发生氧中毒。进入体内的氧会产生氧自由基，氧自由基极为活跃，在体内到处流窜，攻击和杀死各种细胞，导致细胞和器官的代谢和功能障碍，并能促使基因突变诱发癌症。动植物机体进化导致有氧化就有抗氧化，这是自我保护的一种本领。健康的人类（动物）在自然状态下，体内氧化和抗氧化运动处于动态平衡中。

第十四章

空气和燃烧

在爱弥儿的细心照料下，那只疲累的小麻雀又恢复生气了，与从前一样的活泼可爱，一样的能吃能喝。因为前一天收集到的氧气已被耗尽，在保罗叔叔的要求下，侄子们又亲自去准备了一些氧和氮。当孩子们接到命令时，都格外开心。他们按照保罗叔叔的要求，一步一个脚印地做，果然最终取得了成功。

次日，在爱弥儿的细心照料下，那只疲累的小麻雀又恢复生气了，与从前一样的活泼可爱，一样的能吃能喝。因为前一天收集到的氧气已被耗尽，在保罗叔叔的要求下，侄子们又亲自去准备了一些氧和氮。当孩子们接到命令时，都格外开心。他们按照保罗叔叔的要求，一步一个脚印地做，果然最终取得了成功。这不但有保罗叔叔在旁细心指导的功劳，也有一半归功于喻儿和爱弥儿敏捷的动作。收集完这两种气体后，他们又开始了新的功课。

保罗叔叔娓娓道来："氧是一种独一无二的可以呼吸的气体，它的功能是维持动物的生命并使物体燃烧。经过昨天的实验，你们也能感受到它的能量出乎意料的强大，因而需要加入一种不活泼的气体来削弱它过大的能量。正如酒性过烈，喝了对身体有害，因而需要用水来冲淡它的烈性。同样的道理，纯粹的氧能量太强，不利于呼吸和普通物体的燃烧，因而需要不活泼的氮来削弱它。我们周围的空气也正是这样的一种混合物，在这其中的氮，它的作用就像是烈性酒被水稀释了一样。

"只要在玻璃钟罩里燃烧磷，我们就可以知道空气的组成成分是不是1/5的氧和4/5的氮。接下来，我们要倒过来进行这个实验，换言之，就是使用这两种元素做成空气。这里有两个瓶子，一个装着氧，另一个装着氮。如果我们混合一分的氧和四分的氮，就能得到与我们生活中接触到的一样的空气，它不仅能让蜡烛缓慢燃烧，还能使动物安全平和地呼吸。接下来我们的问题是如何把这两种元素混合起来呢。

"这其实非常简单。我往钟罩里灌满水，接着用一瓶充满氧的瓶子去置换钟罩里的水。我任意选择了一个瓶子当作衡量标准。但有一点应当注意，需要挑选一个较小的瓶子，让钟罩有足够的容积能容纳所有的混合气体。此时钟罩中已经充了一瓶氧；接着，我再用四个相同的瓶子装上氮气，并把它放到钟罩里。此时，钟罩中便填充了五瓶气体，分别是四瓶氮和一瓶氧，也就是燃烧磷的实验中我们所得到的关于空气的组成成分及其数量比。所以，钟罩里的气体就相当于我们呼吸的空气，下面，我们用两个实验给这个事实给予证明。

"我把这种混合气体装进一个小的玻璃筒或是小瓶子里，然后往里面伸入烛火。我们就能看到烛火正常发光并继续燃烧，不快也不慢，与在空气中燃烧一样。我们可以看出，虽然这氧贪吃，但经过氮稀释后，它的食欲也削弱了。

"接下来我们拿小麻雀当实验品。现在我把钟罩里的气体转移到一个广口的大瓶子中，并把麻雀放进瓶中。你们发现发生什么特别的事情了吗？一点儿状况都没发生。小麻雀被抓进这个新的牢笼里后表现得很惊慌，并试图逃跑，它并没有出现呼吸困难的状况。能看出它的胸部健康地搏动，嘴巴也没有因为喘气而张开。总而言之，在玻璃瓶中的小麻雀跟在竹笼子里时一样正常地呼吸，可知钟罩里的空气与外面的没有差别。为了让你们相信这个事实，我让小麻雀在瓶子里多待几分钟，原因是在这种人造的空气中并不存在死亡的危险。"

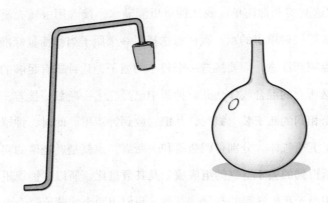

实验结束后，孩子们都非常高兴，他们认真地观察着这只麻雀，对它能够在这样的人造空气中继续生活而感到惊奇。

保罗叔叔说："我们既然已经知道了实验的结果，那么就一起把麻雀给放飞吧！"喻儿赶快拿上瓶子，跑到窗边，然后揭开瓶盖，只见那只小麻雀扑腾着翅膀，转眼就飞到邻居家的屋顶上去了，或许它也迫不及待地想把自己在化学实验室的遭遇告诉它的伙伴们吧。

爱弥儿暗暗想着："它会怎么对它的伙伴们说呢？它会给它们讲述这个奇特的玻璃笼以及它在氧气中的狂热病吗？"接着，爱弥儿问保罗叔叔："也就是说瓶子中的空气与我们所呼吸的空气没有任何差别吗？"

"是的，没有任何的差别。它也是由适当比例的氧和氮混合组成的。它使烛火继续燃烧并维持动物的生命。只要使用氧和氮，我们就能造出供我们呼吸的空气。"

"所以麻雀在玻璃瓶里呼吸的空气，我们也可以呼吸吗？"

"那是当然的，因为它就跟我们周围的空气一样。"

"我这样问的原因是，我对我们可以住在自己用药品和瓶子、玻璃管等工具造成的空气中这件事感到十分奇怪。还有一件让我感到更诧异的事：我们所使用的氧是从一种含有氧的盐类（氯酸钾）中提取出来的。我们曾经从你口中得知，有很多种盐是含氧的，只要它不难被分解，都能从中提炼出氧。我对那种造屋子的盐特别感兴趣。"

"你说的是碳酸钙吗？"

"我说的就是碳酸钙。这种盐不也是含着氧吗？"

"对的，含着氧又如何呢？"

"既然石灰石含氧，那么我们能够把这种氧提取出来吗？"

"当然是可以的，只是过程比较复杂，比较难以实行。"

"没关系，只要可以就行了。所以我们不妨这样想，化学的知识告诉我们，石灰石可以像空气一样供我们呼吸，这样的想法是十分有趣的。"

"你思考得真深入，但能从石灰石中提取氧，这是非常有可能的。"

保罗叔叔回答完爱弥儿的话后，喻儿觉得十分奇异，问道："由一部分石灰石造成的空气真的能供我们呼吸吗？"

"怎么不可以呢？你们要这样想，小麻雀的呼吸器官比我们还柔弱，它也能呼吸由氯酸钾中提取的氧制造的空气。氯酸钾也是一种矿物质啊！你们需要明白，有几种元素虽然可能每天都变换成不同的东西，但既不会增多，也不会减少。借此机会，我要告诉你们这种奇异的变化。

"当我们在石灰窑里烧石灰石（碳酸钙）时，会挥发出一种无色透明的碳酐气体并在大气中扩散。你们也知道：蔬菜果木都通过绿叶吸收空气中的碳酐气体当作它们的食物。这种碳酐气体的来源很广，石灰石只是其中的一种。当植物吸收了碳酐气体后，就会把它分解为碳和氧，它们把碳留下，同时向空气中放出一部分纯粹的氧。这种氧在空中消散，成为空气中的一分子。如此说来，谁还会否认在我们呼吸的空气中会有石灰石（即建筑用石）里放出来的一小部分氧呢？我们可以看出，虽然这种气体从建筑用石中放出，但有时也能维持人类的生命。元素不停地从甲化合物跑到乙化合物中。物质分解的时候，它们所含的元素又会化合成一种新的物质。因此这种为一切物质的材料的元素，尽管脱离了某种化合，但又会马上出现在另一种化合物中。但凡氧，不管它是来自空气、氯酸钾，或是烧石膏、铁锈、大理石、石灰石，自始至终都是同一性质的氧，它在自然界中的分量是恒定的。所以，这种同一性质的氧，有的使铁片生锈，有的使柴薪变成灰烬，有的成了被舍弃在路边的小石子，有的进入血液在动物的血管中循环。谁都无法知道一片面包中的碳来自哪儿，也不会知道这碳曾是什么或将要变成什么。总而言之，我们是不可能去追究一个气泡中的氧或一块小小的石灰石的过去和将来会是什么样的。

"闲话说太多了，接下来，我们说回人造空气的事。刚才我们把氧和氮混合在钟罩里，但是并没有看到它们发生什么反应：既没有热和光，也没有其他任何变动，没有发生任何一样伴随化学作用所会出现的事情。由此可见，由氧和氮组成的空气只是普通的混合着而并没有化合。但现在我要告诉你们：如果用一种特别的方式来化合这两种气体，它们就会变成一种不同于空气的物质。这种物质的水溶液就是硝酸，硝酸的性质十分猛烈，能溶解掉绝大多数的金属；当我们的皮肤接触了硝酸后，会变成黄色，并一片片脱落。因此，我们可以知道，只是混合这两种气体，把它们制成空气，有助于我们呼吸，能维系我们的生命；如果把它们化合制成硝酸后，一不小心就会损毁我们的肌肤，甚至危及我们的生命。现在我请你们特别留意，即使两种物质的构成元素是相同的，但性质未必一样。而这种不同，你们之前也曾见识过，混合了的硫黄和铁屑与化合了的硫黄和铁屑，就是完全不同的。

"因此，空气是由氮和氧按4：1的比例混合而成的。氧有助燃和帮助呼吸的作用，氮则负责冲淡空气中氧的力量。呼吸作用的变化过程值得我们去认真探究，但我们现在先不做这件事，等我们以后学习完某种知识后，再来详细地研究，现在，我们来关注燃烧这个问题。当一种物质在燃烧，必然会和氧化合，因此在每种燃烧作用中，必然会有一种可燃物和助燃的氧。现在我们来进一步讨论这个事实。

"要怎样让火烧得旺盛呢？我们需要在燃料——木柴、煤、木炭上使用风箱来输送空气，经过风箱的一抽一送，火就会慢慢旺盛起来。被点燃的煤最初为暗红色，慢慢地就会变成鲜红色，到最终变成白色。这是因为空气供给了燃料过量的氧。我们应该怎么做才能使燃料更耐烧呢？此时，我们需要用灰来遮住火，使燃料不过多与空气接触。在这种遮蔽物的帮助下，燃料将会消耗得比较少，也会更加耐烧。

"由此可见，要让火烧得旺盛并产生高热，需要给予适量的空气。在烧炭的脚炉里，灰烬覆盖住燃料，使其不会与大量的空气接触，因而能够延缓燃烧，虽然温度较低，但能够燃烧的时间也较长。相反，在铁匠铺的鼓风炉里，需要耗费大量的燃料，因为从风箱中扇出来的气流不但旺盛，能放出高热，并会造成一种小旋风。你们尝试回想客室中装的火炉，在你把灰烬清除、装上燃料、点火燃烧的同时，会发出哄哄的声响，而且燃烧得十分猛烈。"

爱弥儿问道："它为什么会发出哄哄的声音呢？"

"我现在就来跟你们解释原因。如果灰膛的门开了，火炉就会旺盛地燃烧，如果关闭了，也就慢慢熄灭了。这是为什么呢？这是因为当灰膛的门打开时，有一些东西发出噪声并从入口处冲进火炉里去。我们很容易就能想到这是什么东西。尝试把你们的手靠近灰膛门上，你将会感到一阵急速的气流。因此，这个东西就是空气，我们把这空气从炉底发出噪声并冲进火炉的现象称为通风。但凡炉中发出哄哄的声响，就说明了通风比较顺畅，即有很多的空气从燃烧着的燃料中通过，因此火焰十分旺盛并放出高热。当火炉熄灭下去，通风就会变得迟缓，空气进去缓慢，火焰也就会变得微弱。因此火炉是否旺盛，取决于空气进入炉膛是否顺畅，也就是和通风是否顺畅有关。

"现在，我们来研究一下通风的原因。当我们在一个热的火炉上摇动一张正在燃烧的纸片，你们可以发现灰烬都会向上飘，甚至一直飘近天花板。这些灰烬的分量虽然很轻，但如果没有外界的力量，是不能够自己飘扬的，因此它们是在一种上升的气流的推动下向上飘扬的。空气经过燃料的时候，因为受热而膨胀，质地也因为膨胀而变得疏松，从而分量减轻，变成了上升的气流。虽然热空气不断上升，但冷空气也会从下面源源不断地补充。这种冷空气到了炉膛后，又会因为受热而继续上升，此时，冷热空气相互交替，就形成了所谓的通风。空气是无色的，因而我们肉眼无法看到，但我们能从飞扬的灰烬中推知气流上升的情况。这就像是当我们看到水面有萍草漂浮就知道水是流动着的道理一样。

"我还要告诉你们一个实验，这需要在生着火炉时去完成。用大约手掌大的圆纸剪成螺旋状的纸带，用线把纸带的中心吊在火炉上方，此时纸带是螺旋钻的形状并呈现下垂状态。假如此时火炉变得炽热，就能看到纸带在团团地旋转。这个现象可以这样解释：纸带的表面相对垂直上升的气流是斜的，所以当热空气不断往上升，风筝的表面就会不断受到气流的推动，因此纸带就会不停地向后退旋。这也是风筝上升和风轮转动的原因。

"现在，我们就能证明，空气在受热后会因为分量减轻而上升，此时冷空气也会从它下面不断补充。在上升气流的推动下，螺旋纸带会旋转起来；我们看到飞扬的纸灰也是由于受了上升气流的作用。现在你们应该知道，我们说火炉拥有良好的通风会有什么实际意义了。假如在烟囱、房间、门外的空气温度是一样的，就不会形成通风了。只有当生着火炉的时候，烟囱里的空气才会因为受热而上升，并形成通风的现象。当空气越热、烟囱越高时，通风越容易进行。热空气上升的时候，较重的冷空气就会冲入正在燃烧的燃料中使其炽热，并因为受热而从烟囱中上升。所以当生着火炉的时候，就永远有一股冷空气从炉底向烟囱顶部源源不绝地通过。气流在途中通过燃料，并以所含的氧帮助其燃烧，气流自身受热后，其中的氧和燃料中的碳也进行了化合，其后就伴随燃烧时发生的烟炱继续在烟囱里上升，并最终在外界的空气中消散。烟囱出烟、火炉发出哄哄的声响也是由于通风而形成的。通风就好比是一只自动的风箱，当空气中的氧元素耗尽时，又重新给予其新鲜的空气，帮助燃料继续燃烧。因此，如果我们要使炉火旺盛，就必须遵循以下的规则：使新鲜的空气能够顺利地从炉底进入，接触燃料，助其燃烧；使耗尽了氧的空气顺利地从烟囱中排出，以便为新鲜空气的进入预留更多的空间。"

名师点评

　　知道了空气中氧气和氮气是主要成分，且二者体积占比分别约为五分之一和五分之四，那么我们就可以通过化学反应或其他手段制取氧气，并尝试自行配制"空气"。这样的"模拟"空气与真实的空气类似，可燃物在其中的燃烧剧烈程度与空气中也没有区别。这样的空气也可以模拟真实空气，给动植物提供呼吸，比如太空的宇航员可以调控太空舱中氧气含量，使其不至于缺氧窒息也不至于氧气中毒。潜水员进入水中需要携带氧气瓶帮助呼吸，若使用纯氧潜水，在30米水深的压力下停留一个小时以上时，也会引发氧中毒，因此氧气瓶中往往也会加入与空气同等比例的氮气，来防止氧中毒。潜水时瓶中的氮气和氧气同时被吸入人体内，但进入深水区又会出现新的问题——在水下高压条件下，氮分子会融入神经细胞而造成不同程度的麻醉性，大约停留于水中30米的压力一个小时后，人体内就会开始产生所谓"氮醉"的麻痹现象。所以当潜水者在深海中需要停留相当长的时间时，就必须以氦气取代氮气，依适当的比例使用氦－氧混合气体潜水，称之为"氦氧潜水"。这些都是人类根据需要调整出的"模拟空气"的成功案例。

　　在纯氧中，可燃物燃烧会更加剧烈，所能释放的温度会更高，因此，我们在一些焊接作业中会使用纯氧来使焊接火焰达到更高的温度。但在生活和生产中也并非都要纯氧才能燃烧更加剧烈，往燃烧体系中鼓入充足氧气，或者让可燃物（如木炭）中间镂空以接触到更多的空气，实际上也能让燃烧更加充分，也会达到更高温度。比如，工业炼铁的时候，可以通过纯氧，也可以通过鼓入更多空气，让炭火烧得更充分，增加炉温，提高炼铁效率和产率。

孩子们在园子里玩耍的时候，发现了一把刀。从它锈迹斑斑的样子中可以知道，这是一把旧刀。孩子们立即对它产生了极大的兴趣，认为它是值得研究的。因为自从叔叔告诉他们有关金属燃烧的知识后，他们看待事物的眼光都与之前大不相同了。

　　孩子们在园子里玩耍的时候，发现了一把刀。从它锈迹斑斑的样子中可以知道，这是一把旧刀。孩子们立即对它产生了极大的兴趣，认为它是值得研究的。因为自从叔叔告诉他们有关金属燃烧的知识后，他们看待事物的眼光都与之前大不相同了。这种事情要是发生在几周之前，他们一定会把这旧刀看作是一块毫无价值的废铁，连看都不值得一看，更别说拾回家了。这正印证了"知识滋养着思想"这句话所包含的道理：某个事物在一些人看来毫无价值，在另一些人看来却值得思考，并通过思考得出真理。前者为无识者，而后者为有识者。喻儿走过去，拾起这把刀。当他看到刀上的红色铁锈时，立即想到铁片在盛氧的瓶子里燃烧时附着在瓶壁上的红色粉末，两者是如此相像。他立刻把弟弟叫过来，让他也来看看这惊人的相似。

　　经过仔细的研究，他们发现这把旧刀所生的铁锈和之前那根发条所生的锈完全一样，但是他们又断定这把旧刀不可能也在盛氧的瓶子里燃烧过。旧刀没有经过燃烧就产生了和发条一样的铁锈，这是为什么呢？这个问题可把他们难住了，于是他们决定去问问保罗叔叔。

　　上课的时候，保罗叔叔为他们详细讲解了其中的原因：

　　"绝大多数金属，如果你在开始的时候把它擦得锃亮，之后便把它放置在一边而不采取任何保护措施，过不了多久，它的表面就会出现一种类似橡皮的东西，而且与刚开始相比，它的光泽也会暗淡许多。比如说吧：如果你用小刀切下一片已经生了锈的铅，你会发现它的切面是银白色的，而且有光泽，但是随着时间的推移，它的切面会变得越来越暗淡，直至变得和其他生锈的部分一样——呈现暗灰色。除了铅外，铁和钢也具有这样的性质：当一件铁制品或者钢制品刚刚生产加工出来的时候，它们都是银色的，而且非常光亮，但是当它们暴露于空气中一段时间之后，它们的表面也和刚才说的铅一样，变得越来越暗淡。另外，如果它们暴露在空气中的时间足够久，其表面还会生成红色的点，并且这种红色的点还会与日俱增，直至把表面全都占据，进而开始向其内部'进攻'，最后，当初光亮坚硬的铁和钢也变成了像泥土一样松脆的红色粉末——这就是生锈的过程。你们所发现旧刀上的红色粉末也是这样形成的。

"其实，一般普通的金属都会生锈。我们上面所提到的铅原本是蓝白色，生锈之后就会变成暗灰色，其切面上迅速形成的暗灰色薄层就是它的锈，这与铁生锈之后变成红色有所不同。另外，锌的原色为银白色，生锈之后就会变成青灰色；我们见得较多的铜本为红色，生锈之后就会变成绿色。

"通过上面的例子，我们可以知道，绝大多数金属会生锈这一事实是毋庸置疑的。那么，这到底是什么造成的呢？看看我们身边的例子就可以找到答案了。把一张铜皮放进火里，我们会发现火焰变成了绿色，原本赤色的铜会变成了黑色：这黑色的物质就是铜的锈。同样，把铅放进熔炉里，并向熔炉里通入空气，熔融较长一段时间后，原本蓝白色的铅也会变成黄色，而且变得松脆：这黄色物质就是铅的锈。另外，我们将一片锌放到铁匙中，并对铁匙加热至锌片燃烧，之后锌片就会生成一种白色的物质：这白色物质就是锌的锈；我们还看见在盛氧瓶里燃烧的铁形成了一种附着在瓶壁上的红色粉末：这红色粉末就是铁的锈。总的来说，不同的金属都经过燃烧产生了锈，即锈就是金属和氧气相化合而形成的氧化物。

"这种在奇异火花中形成的氧化物，其实和经历较长时间而在金属表面上生成的锈非常相似。把一铁片放到盛氧瓶里燃烧，它就会生成一种附着在瓶壁上的红色粉末；把另一铁片埋到潮湿的泥土里，它的表面就会逐渐生成红色的点，而且这些点还会逐渐扩大。

这两个例子中所发生的化学作用是相同的。另外，把一片锌放到铁匙中熔融，它就会产生蓝绿色的火焰，并生成类似白绒的物质；另一片长久放置在空气中的锌片，其表面会生成青灰色的薄层。在这两个例子中，其中的锌都和氧气相化合了，所以本质作用没有任何差别。从上面的例子可以看出，大多数的锈都是一种氧化物，都是经过金属的燃烧形成的。当然，我们应该注意到，这里所讲的燃烧作用是广义的，即无论其发不发热都可称为'燃烧作用'，与我们日常所讲燃烧的含义有着很大的不同。为了更清楚地说明这个问题，我再给你们举一两个例子。

"如果一块木头长久地暴露在空气中，它就会慢慢地变成暗黑色，最终变成一堆棕色的木屑，这也就是我们常说的木头的腐烂过程。事实上，木头的腐烂也算是一种燃烧：它在腐烂的过程中会和空气中的氧气相化合，并且释放出热量。从本质上来看，这一过程和柴薪在火炉中的燃烧没什么区别，只是在燃烧速度的快慢上有些许不同而已——后者很快地燃烧，在短时间内就释放出大量的热；而前者则是一种迟缓的燃烧，慢慢地释放热量。与木头腐烂释放热量的原理相同，潮湿的草堆热得发烫、垃圾堆内部很温暖，也是植物成分和氧气相化合释放热量的结果。

"腐木虽然放出了热，但是我们并不能感觉到，这是为什么呢？其实解答这个问题并不困难。假如有两段完全一样的木头：其中一段只经过一小时的燃烧就变成了灰烬；另一段木头则要经过十年的自然腐败变成灰烬。在这两种情况中，两根木头都释放出了热，都发生了类似的化学作用，但是因为其发生作用的速度有很大的差别，所以我们的感觉也是很不一样的：就前者来说，因为它的热量在短时间内全部释放了出来，即发生作用的速度很快，所以在它燃烧的过程中，我们随时都能感觉到它的热；就后者来说，因为它的热量要在长达十年的时间里慢慢地释放出来，即发生作用的速度很慢，所以在它腐败的过程中，我们并不能立即感觉到它的热。在'木头腐烂、垃圾内部发热、树枝燃烧'这三个例子中，虽然前两个是迟缓燃烧，后一个为快速燃烧，但总的来说，它们均属于燃烧，都发生了可燃固体物与氧气相化合的作用，所不同的仅仅为燃烧速度的快慢而已。我们通常所说的燃烧指的就是快速燃烧，其作用快而时间短，燃烧时物质能够发光发热；而我们提到的生锈或腐败指的则是迟缓燃烧，其作用慢而时间长，燃烧时物质不发光，即使发热人一般也感觉不到。

"生锈和腐败，都是一种迟缓燃烧的结果。其中，生锈是对金属来说的，腐败是对植物来说的。暴露在空气中的金属，会和氧气发生化合作用而形成一种化合物，即我们所称的氧化物，这种变化在潮湿的空气中更容易发生。这个事实可以用来解释旧刀有红色外皮的原因——其和氧气化合而成氧化铁；新切开的铅在短时间内就会变成暗灰色的原因——其和氧气化合而成氧化铅；内部有银色光泽的锌表面上却有灰色薄层的原因——其与氧气化合而成氧化锌。其中，铁锈作为一种含水氧化物，其构成是很复杂的，它的主要成分是三氧氰化铁。而铅锈的成分为二氢氧化铅，锌锈的成分为碱式碳酸锌。总的来说，只要金属暴露在潮湿的空气中，就会和氧气发生化合作用而生锈（至少在表面），即发生迟缓燃烧的作用。

"大多数金属都会被空气所氧化进而生锈。不同的金属也会生成不同颜色的锈：铁生成黄色或红色的锈，铜生成绿色的锈，锌和铅生成灰色的锈。不同金属生锈的难易程度也不相同：在普通金属中，银最难生锈，其次是铜和锡，再次是锌和铅，最容易生锈的是铁。只有一种金属不会生锈，那就是金。这可以从我们出土的用金子做成的古代钱币和饰品中得到印证：它们长埋于潮湿的地下几千年，出土时依然金光锃亮，好像新的一样，不逊于刚生产出来时的样子，如果换作别的金属，早就锈迹斑斑甚至完全化为灰烬了。正是因为金具有这个特性，所以一直以来也备受人们的喜爱。"

名师点评

　　我们在保罗叔叔的带领下，见识到了蜡烛、碳、硫、铁、镁等物质在空气或氧气中发生剧烈程度不同的燃烧，可燃物都与氧气反应结合生成对应的氧化物，如二氧化碳、水、二氧化硫、四氧化三铁和氧化镁。像二氧化碳和二氧化硫以及水这种由非金属元素和氧结合形成的氧化物，我们称为非金属氧化物，其中的二氧化碳与二氧化硫是酸酐，我们也称为酸性氧化物。四氧化三铁和氧化镁是金属元素和氧结合的氧化物，我们称为金属氧化物，氧化镁是碱性氧化物。铁的氧化物除了四氧化三铁之外，还有氧化亚铁（FeO）和氧化铁（Fe_2O_3），这几种铁的氧化物中铁原子和氧原子的个数比例不同，因此物质形态、颜色和性质也表现迥异。氧化铁是红色的，我们生活中常看到的铁件表面出现的红色铁锈，主要成分就是氧化铁。铁在潮湿的空气中就会慢慢发生锈蚀生成红色的铁锈：$4Fe+3O_2+nH_2O=2Fe_2O_3+nH_2O$，生活中看到的铁锈，就是这种带有不同数量结晶水的氧化铁。很多活泼的金属在空气中都能发生锈蚀，而且越活泼的金属越容易生锈。镁条和铝条打磨之后就会立刻慢慢变得暗淡，因为它们的表面很快生成了氧化物表层——氧化镁和氧化铝（Al_2O_3）。锌比铁活泼，在空气中也能像铁那样生成氧化物锈斑，而且速度比铁还要快。铜的性质较铁稳定一些，但是在有氧气、二氧化碳和水的潮湿环境中，也会缓慢生锈变成铜锈：

$2Cu+O_2+CO_2+H_2O=Cu_2（OH）_2CO_3$，铜锈的主要成分就是这种碱式碳酸铜，因为它是绿色的，我们常常也称之为铜绿。我们在年代久远的铜器文物上或古宅的铜式门把手上都会看到这种绿色的铜锈。自然界的铜矿中也有一种叫孔雀石的绿色铜矿石，它的主要成分也是铜绿，常用来作为冶炼铜的工业原料。

金属的锈蚀过程也是一种氧化过程，这种氧化过程比燃烧过程要缓慢很多，但本质差别不大。氧化过程按照速度快慢和剧烈程度不同，可以分为缓慢氧化、燃烧和爆炸。燃烧是剧烈的快速的氧化过程，动物体内的消化代谢和金属锈蚀都是缓慢氧化，而爆炸则是很多可燃物短时间更快速氧化的过程，所以速度最快、程度最剧烈。比如，酒精如果被人喝到肚子里，就会在人体内缓慢氧化（消化）提供能量；如果在酒精灯上燃烧，就是更为快速的氧化；如果做成酒精喷雾点燃（或保存过程中失火），就可能发生大爆炸。这些过程都是酒精与氧气发生氧化反应的过程，虽然剧烈程度不一样，但是最后都生成了二氧化碳和水。

第十六章

在铁匠铺里

村里有一个铁匠铺。一天，保罗叔叔带着他的两个侄子到那里去，想借这个地方做一个奇异的化学实验。他想证明给他们看，有一种可燃的物质存在于水中，它是比磷、硫等元素更为容易着火的气体。水可以灭火，但他想从里面找出一种燃料。喻儿和爱弥儿怀疑，觉得这是不可能的事，都期待着这个实验。

　　村里有一个铁匠铺。一天，保罗叔叔带着他的两个侄子到那里去，想借这个地方来做一个奇异的化学实验。他想证明给他们看，有一种可燃的物质存在水中，它是比磷、硫等元素更为容易着火的气体。水可以灭火，但他想从里面找出一种燃料。喻儿和爱弥儿怀疑，觉得这是不可能的事，都期待着这个实验。作为邻居，铁匠对于保罗叔叔的不可思议的想法却表现得非常高兴，所以愿意完全交给保罗叔叔去指挥，包括自己的熔炉、工具和他自己。然而在他那被烟炱玷污的脸上，还是稍稍带着些怀疑的微笑。

一个盛水的瓦缸和一个玻璃杯放在工作台上，熔炉中投入的一根沉重的铁条正在加热。铁匠拉动着风箱，保罗叔叔注意着那根铁条。等铁条变得红热，他就开始说明实验要怎么进行。

他告诉喻儿："你把盛满水的杯子倒过来立在水缸中，然后把杯底提起一些，使杯口保持在水平面以下。接着我要把烧红的铁条插入水中的杯口下面。我不会让你的手指烧痛的，所以你不要害怕。你稍微倾斜下杯子，好让烧红的铁条刚好伸到杯口下——但不要让杯口露出水面。"

喻儿明白怎么做之后，保罗叔叔就立刻把烧红的铁条一端插入倒盖在水缸中的杯子口下面。水沸腾了好一段时间，同时有许多气泡产生，并上升到玻璃杯的底边。

保罗叔叔说："这些收集到的气体还不足以做实验。你好好拿着杯子，我再来收集一些。"

铁条被送回熔炉里好几次，一端烧红后又放入水中。这程序每一次重复，杯中的气体就增加些体积。这个过程虽然进行的慢，却没有停止，铁匠毫不厌倦地拉着风箱，非常热心地期待着那奇异的实验结果，就像孩子们那样。这些在杯子里收集到的是什么气体呢？明明是无色透明的，像空气一样。那是不是空气呢？原本在铁匠的日常工作中，他都不曾加以留意，虽然这应该是常有的事：热铁没入水就会产生嘘嘘的声音。从因触及热铁而沸腾的水中收集气体，是只有像保罗叔叔那样懂化学的人才能够想到的。那一张曾经带着怀疑笑容的脸上，现在流着像墨水一般的汗液，并带着一种坚决的、高兴的表情。

接着，保罗叔叔自己用一只手拿着杯底让它稍稍倾斜一下，这样气体就从杯子里面慢慢逸出来，另一只手点燃那上升到水面的气泡。很快，从气泡中，一种爆发的声音就发出来，甚至射出火焰。只有在背光处才看得见这火焰，因为这火焰很暗淡。铺子里本来很暗，适合做这个实验。噗！又有一个气泡响了。接着噗！噗！噗！就像一种小小的排枪声，气泡响个不停，并发出淡淡的光。

铁匠非常惊奇，叫道："真像是不湿的火药，一旦到水面就爆发。可以再来一次吗？让我看清楚些。"

保罗叔叔再次使杯子倾斜。于是气泡便陆续从水中升起来，噗！噗！直到完全逸尽。

铁匠问道："这气体，按你的说法，比火药更容易着火，是从水里来的吗？"

"它不从水里来又会是从什么地方来的呢？这些气体其实是从被热铁分解的水里产生的。一会儿你们就会知道，这可燃的气体的确是从水中来的。"

铁匠点点头说："化学真是非常有趣！它能使水燃烧起来呢。若是我有时间一定要好好学学化学。"

保罗叔叔又说："其实你每天都在实践化学，而且非常有趣呢。""化学——我？我每天锤铁和磨刀，这也是化学吗？"

"是呀，在这些工作中也有化学的，只是你每天这么实践，自己却不知道而已。"

"真是出人意料！"

"我想要让你知道这工作中的化学。"

"什么时候可以呢？"

"今天就可以。"

"保罗先生，请让我再问一句话。从水里分离出来的这种可燃气体叫什么名字呢？"

"这种气体叫作氢，俗名是'氢气'。"

"氢。噢，我会永远记着它的。哪天有了空我就把这个实验演示给我的朋友们看看。你的侄子们每天可以听到你的谈话，他们是多么幸福呀。可惜我现在已经一把年纪了，脑子也老朽了，书都读不进去了，倘若我还年轻，像他们一样，就一定做你的学生。现在，你还有什么事需要我帮忙吗？"

"再把火生起来吧，将熔炉中的煤都烧红了。这一次我还要分解一些水，而且用煤来代替铁。这样我们就可以证明，不管是用铁还是煤都毫无关系，我们都会得到一样的可燃气体——氢的确是从水里来的。喻儿，你来把杯子拿好。"

等候了几分钟，他们让熔炉中的火旺盛起来了。接着保罗叔用火钳夹住炽热的煤并放入水中，正挨着杯口边。于是，许多气泡上升到杯子底部，比用铁条时还要多。反复操作几次之后，气体充满了杯子。每一次这气体碰到火，都会爆发出一种爆炸的声音，同时燃烧起来，带着一团火焰，发出微弱的光。总而言之：炽热的煤和炽热的铁一样能分解水。这可以证明，保罗叔叔的话是正确的。氢这种可燃气体是从水中来的，炽热的铁和煤性质不同，但都可以用来分解水，让它放出含有的氢。

看着保罗叔叔的实验，铁匠呆呆地愣在那里出神。他正想着每天在熔炉边工作的情形，而保罗叔叔却看透了他的心思，对他说：

"请问，如果在锻接的时候，你会采用什么方法把铁烧得非常热呢？"

"用什么方法？我才想到这个方法就和你说的氢有关系。看过你的实验之后我才明白，我每天做的莫名其妙的事都有了解释。在那边有一只水槽，其中有一个长柄的布帚放着。为了产生其他方法不能得到的高热，我经常用这布帚在那些烧红的煤上洒水。"

"那你为了产生高热而在火上洒水，这种方法看起来好像只能熄灭火焰，而实际上却让火焰旺盛起来了。"

"就是嘛！常常我都对这件事感到疑惑，却怎么也想不出这其中的道理。如今好在看了你做的氢的实验，就——"

"等等。我们等一会儿再解决这个问题吧。我想，潮湿的煤会烧得更旺这个事实，我的侄子们是心存疑虑的，你再做一个实验让他们看看好吗？"

"很好呀，我什么事都愿意做，只要力所能及。真开心呐，今天我做了你的学生。"

于是铁匠拉动风箱生起了火来。在炽燃的炉中，他放进一根铁条，烧到极热的时候，又抽了出来。

他说："这铁条已经红热，就算现在我们用风箱拼命地扇，它也不能变得更热。应该怎么做才能让它变得更热呢？比如在锻接的时候，可以在烧红的煤上用布帛来洒上几点水，不能洒得太多，否则这火焰就会熄灭了。"

接着他把铁条放回熔炉里，又在赤热的煤上洒了些水。孩子们专心致志地看着，站在铁匠的身旁，就像学徒一般。他们应该已经看过许多次这样的操作了，但是之前他们看的时候却不曾加以注意，然而现在，因为他们被保罗叔叔告知了水中的可燃气体氢的性质，他们产生了水中有可燃气体的事实的兴趣。当我们对一件事感兴趣的时候，对这件事就会加以特别的注意。而这使我们身边一切事物变得更加迷人的力量就是知识。

炽热的煤让水立刻起了反应。最开始的时候，火焰有很长的舌头，由下部很亮到顶端出现红色，还伴随有少许的烟。可是突然间，长长的火舌却缩小了，似乎窜到燃料中去了，并都在煤的间隙吐露着短短的火焰，白色的火焰非常明亮。在白昼中不容易看出的氢的火焰，很像是这些白色的火舌。它们的温度应该非常高——因为那些产生白色火焰的煤，都能够发出炫目的强光。这一次，当铁匠抽出铁条的时候，它已经是白热而不是赤热了。可以听到它发出一种爆裂的声音，射出一阵灿烂的火星。

爱弥儿突然想起以前的实验，就情不自禁地叫起来："铁条燃烧了！"铁匠说："是的，小朋友，它燃烧了，要是这熔炉总保持着现在的温度，铁条一直被加热，它就会慢慢变小，到最后完全燃完消失。看着那铁砧的四周，有许多小铁滓，这都是炽热的铁上被锤子打下来的碎片。"

"我知道了，这铁滓就是氧化铁。"

"它是不是氧化铁，这个我倒不清楚，但它们是燃烧过的铁，我是知道的。

我洒水在炽热的煤上，熔炉上产生高热，这时会有很多铁滓。现在先听听你们叔叔怎么说。保罗先生呀，为什么水能够生出这样的火来呢？这铁放在熔炉中，在不加水的情况下最多也只能达到炽热的程度，然而有了水它却可以发出炫目的白光。个中道理我还是不明白。"

保罗叔叔回答："这个道理很好明白。氢，是发热最多的燃料。任何燃料，包括柴薪、煤炭和其他燃料，它们的火焰温度都比不上氢。氢无疑是最好的燃料。没有一种东西能比它更容易着火，同时它也比所有物质都能产生更多的热。"

铁匠说："啊，我明白了。在我把水洒到熔炉的赤热的煤上时，水被分解了，就像你把炽热的煤投入水中去一样。这个时候氢就产生了，它碰到火便燃烧起来了；又因为它是能够产生大量热的最好的燃料，故而使铁又变成白热。那些我洒的水，就是给熔炉加入比煤更好的燃料，这样说对吗？"

"没错。炽热的煤将水分解后，就使原来的火得到更好的燃料。所以这正是我说的，你每天都在实践化学。"

"是呀，可是把煤打湿了会产生氢这种事，我做梦都没想过。我怎么能够知道呢？看来，一定要读书才能知道这些呀。先生，像我这样的人没有知识，整天都是忙着叮叮当、叮叮当，却总是没有时间来看书的。保罗先生，可以再请教你一件事吗？曾经有有学问的人告诉我，在失火的时候，如果火势很旺而水不多，还不如不往火上浇水。这种时候，最好是用比如泥土这样的东西来压灭它。这和氢有没有关系呢？"

"当然是有关系的。假如我们在炽燃的火上只洒少许水，它不就会使水分解而得到氢这种更好的燃料吗？结果会怎么样呢？就像你洒水在熔炉里一样，火不仅没有灭反而会烧得更旺。而如果你用大桶的水浇灌，那么火就会熄灭。因此，当遇到要灭火的情况，一定不能是杯水车薪，否则就成了火上浇油。"

铁匠说："和你谈话真是受益匪浅呢。我会一天到晚都生着这个熔炉，如果你需要做什么化学实验，就不要客气，请尽管过来。"保罗叔叔谢过这位热心的邻居，和侄儿们动身回家。喻儿还在铁砧周围捧了一把铁滓，想要带回去趁着空暇时间仔细研究。

经过保罗叔叔的允许，并在其照看下，孩子们回家之后，也去做了他们在铁匠铺里看到的那个实验。他们觉得，那些从水里产生的气体可以燃烧，太令人惊奇了，于是还想再看一遍，特别是希望能自己制成一些氢。这实在是非常简单又非常危险的操作。虽然我们知道铁匠非常和善又有礼貌，但是屡屡地打扰他也会让他浪费了工作的时间。所以说实话，家里才是最好的做实验的地方。在这里，既不会妨碍别人，也可以反复实验而不耽误别人。但是他们可不可能做到呢？

保罗叔叔告诉他们："这当然可能。拿一些木炭来，放在风炉里，这样就可以代替煤。再准备一盆水还有一只杯子，就完成了条件，可以像在铁匠铺里一样进行实验了。等到木炭烧红，赶紧用火钳夹出来浸入水中的杯口边，就可以得到氢。你们用的木炭能不能和熔炉中的煤一样热，决定了这实验能不能成功。因为所用的煤或者木炭越热，它就能分解更多的水。最后，我还要提醒你们，当心些，不要灼伤手指。"

喻儿说："这个你倒不用担心，爱弥儿拿杯子，我拿木炭。我肯定不会粗心到灼伤他的手的。"

"我还要先告诉你们，如果你们想尝试用炽热的铁来做实验，那是不容易成功的。要使任何形状的铁条变得赤热，小小的风炉是不够的。不过你们想试的话尽管尝试，但是要小心别被灼伤。"

保罗叔叔指导完了，侄子们就可以自己实验了。这两个小小的化学家给风炉装上木炭并且点火，慢慢地，木炭就被烧得炽热。此后，操作进行得很顺利。可以证明实验成功的标志是，含有氢的气泡从水中上升了。喻儿睁大眼睛看着，那氢气碰到火之后，形成了蓝色的火焰。喻儿指出来后，爱弥儿也看到了，他们发现，这和铁匠铺里用炽热的铁来实验时产生微弱的光是不同的。

然后，他们又尝试用烧热的铁来做实验。他们费了许多的时间，耐心地把找到的一根很细的铁条在风炉上热了又热，重复多次，最后才得到少量的氢。这些氢只够用来点燃三四次，而且点燃之后形成的火焰微弱得几乎不可见。后来他们又多次尝试，结果都没有变化。但是，保罗叔叔曾经告诉过他们，不要抱太大希望，他们的实验也可以算是令人满意了。

名师点评

保罗叔叔在铁匠铺中给孩子们演示了从水中制取氢气，这个"水中生火"的魔术让大家大开眼界，也告诉我们生活处处皆学问。

水是由氢元素和氧元素组成的，水分子中含有两倍量的氢原子和一倍量的氧原子，它们结合得非常牢固。但是通过一些通电、高温或有强还原剂、催化剂存在的情况下，也能够把水中的氢原子和氧原子拆开，让其中的氢原子以氢气的形态逃逸出来。比如，把铁块烧得通红，然后伸入水中，就会有少量氢气生成，这是因为铁和水蒸气在高温下可以反应生成四氧化三铁和氧气，铁在高温下夺走了水中的氧原子，氢原子变成氢气逸出。如果这里把铁块变成铁粉，反应会更加迅速、剧烈、完全。高温红热的碳，遇到水蒸气也可以产生氢气，同时产生的还有一氧化碳：$C+H_2O=H_2+CO$。煤的主要成分也是碳，这个反应也可以通过往燃烧的煤炭上浇少量的水来实现，因此生成物氢气和一氧化碳通常也被称为水煤气，也就是我们常说的煤气。

如何从水中提取氢气？我们可以使用炽热的铁，不过用这种办法，即使是想要提取很少量的氢气，也要重复操作很多次，十分迟缓而且麻烦；而要使用炽燃的炭代替炽热的铁，就会使结果得到的比较快，但这种方法也有缺点，那就是得到的氢气不纯粹——夹杂着从炭中产生出来的其他气体。

如何从水中提取氢气？我们可以使用炽热的铁，不过用这种办法，即使是想要提取很少量的氢气，也要重复操作很多次，十分迟缓而且麻烦；而要使用炽燃的炭代替炽热的铁，就会使结果得到的比较快，但这种方法也有缺点，那就是得到的氢气不纯粹——夹杂着从炭中产生出来的其他气体。喻儿观察到的发着蓝光的火焰就是因为这个。幸好他们做这个实验的目的只是证明水中含有可燃的氢气，至于要在短时间内制取多量的氢，就是另一件事情了。

保罗叔叔说："现在我们不用炽炭来从水中制取氢气。因为这个办法得到的氢气，混合有好几种气体，要想确定地知道氢气的性质，就一定要制取出纯粹的氢气。至于用炽热的铁来从水中制取氢气，也不用再试了，因为这种方法得到的氢气虽然十分纯粹，但是分量太少了。我们现在所探求的方法，应该是很简易同时又可以制取大量的氢气。那些不方便置备的工具，比如说熔炉、风炉等，就不可以用了。你们已经知道了，非金属氧化物遇到了水就会变成酸，在刚才的实验中，我们又知道了水里含有氢气，从而可以知道所有的酸都含有氢。我再来告诉你们，铁不但可以分解水，也能分解用水稀释过的硫酸，而且，不用加热。铁和硫酸发生作用，硫酸中的氢就会轻松地释放出来。还有另外一种趋同金属，分解硫酸比铁还容易，那就是锌。但是用锌分解也要借助水的作用。因此，想要制取氢气，用铁和锌都可以，不过在两者都可以得到的情况下，用锌效果会比较好。要是没有锌，那么最好是用铁屑，因为铁屑是一种小颗粒物，与其他物质接触的时候有较大的接触面，比较容易发生化学作用。

"我在这个杯子中盛了一些水，并且放进了几片从用旧的干电池上拆下来的锌。此刻，杯子里并没有发生化学作用，一切都保持了原来的样子。但是现在，我要在其中注入一些硫酸，搅匀。可以看到，杯子里的液体剧烈地沸腾了，同时也从液体表面冒出很多气泡，升上来之后就一一破裂了。这些气泡就是从硫酸中分离出来的氢气——和铁匠用炽热的铁接触水之后产生的可燃的气体完全相同。你们看，我现在拿一张燃烧的纸靠近水面，这些破裂的气泡就会发出爆炸声，而火焰也非常暗淡，只在黑暗中才可以看到。你们看，现在气泡在很快地上升，爆炸声也一直在响。"

这种声音好像机关枪，火焰竟然跳跃在水面上，本来十分有趣，但这两位少年却更关心另一件事：杯子中的水并没有在火上加热，但自己却会沸腾起来了，同时，杯壁也很热，手指放上去都会感到高温而难耐。

"你们看看这个杯子，含着氢气的气泡最初出现在锌片上，因为这里是引起化学作用、使硫酸分解的地方。气泡从液体中上升出来，就会引起很剧烈的沸腾。就好像火上的开水被气泡搅动的沸腾一样。就整体而言，杯子里的液体没动，只是被上升的气泡搅乱了。你们如果用一根麦秆向水中吹气，也会出现同样的情形。所以，这种液体在外观上很像沸腾，但却不是，只是我们的眼睛产生的错觉。"

爱弥儿却不相信，他说："但这杯壁很热啊，我都无法将手放上去。"

"杯子确实很热，但这种温度还远在沸点以下。你要是让我证明，我只需要用镊子把锌片取出来，液体就会立刻安静下来，也不会有气泡产生了。"

"但是那液体还是很热。请问一下，这杯子下面没有火，热量是从哪里产生的呢？"

"我明白了，原来爱弥儿对于有热量而没有火加热这件事还有一些疑问。现在，我来问你，从前我们在做硫黄和铁屑混合物的实验时，杯壁也很热，当时我们有没有用火加热呢？泥水匠将冷水注入石灰中，石灰的温度也会升的很高，他有没有用火呢？在这两个例子中，都是有温度而没有火加热。原因很简单——化合作用产生温度。这个杯子的温度升高就是另一个例子。硫酸被分解了，硫酸中的氢就被释放了出来，但与此同时，酸中的其他元素正在和金属发生着相反的作用——化合。热量就是从化合作用中产生出来的。

"你们已经知道了，锌和硫酸相互作用可以得到氢，但是要如何收集到这些氢呢？我们制取氢气的物质有三种，硫酸、水、锌。在其中，硫酸负责提供氧，水负责稀释硫酸，锌负责分解硫酸解放氢。在这个实验中用到的锌和水是可以一同放在杯子中的，不过硫酸却不行，而应该根据需要的量来逐渐加入。如果加注太多，就会使反应过于剧烈，气泡爆发，杯子里的酸液很有可能飞溅出来，导致衣服损毁，皮肤腐蚀。另外，在加注硫酸的时候，千万不能将产生氢的器皿打开，不然空气就会混入进去。氢气一旦和空气混杂，就会合成一种十分危险的物质。

"一般情况下，这个实验中所用到的器皿是玻璃瓶。在玻璃瓶中，我们放入一些小片的锌，如果有锌箔就更好了，可以将锌箔卷成柱状，从瓶颈中放入。然后，我们在瓶子里注入足量的水，完全淹没住锌。再用软木塞塞紧瓶口，这种软木塞上面应该插有长柄的漏斗和曲玻璃管。这样，制取氢气的装置就完成了，只需要将硫酸从漏斗里慢慢加入，就可以产生氢。在产生氢气时，我们可以不必再对装置加以注意，只是在反应太慢的时候，再加入一些硫酸就可以了。这个装置是很简便的，也很巧妙。长柄漏斗的下端必须没入水中，以免瓶外的空气从这里进入瓶内，和即将产生的氢混合（稍后再讲解理由），但是，它并不妨碍加入硫酸。瓶子中的氢气因为被水挡住了，不能够从长柄漏斗中释放出去，所以，它唯一的路径就是那根曲玻璃管。总的来说，这个工厂在工作的时候有两扇门：一扇门是长柄漏斗，只能进不能出；另一扇是曲玻璃管，只能出不能进。

"还有一点，假如这个曲玻璃管被什么东西堵住了，或者因为管子太细，瓶中的氢不能充分地通过，会怎么样呢？气体就会集聚在瓶子里，不能逸出，慢慢压迫下方的水，水就会从漏斗中上升。这种现象一旦出现，就是在警告我们，装置出现了障碍，导致气体壅塞，不能外泄。所以，这个漏斗又可以当作安全管。不过，只要我们不加入太多分量的硫酸，这种警告是不会产生的。"

说着，保罗叔叔拿出一个广口瓶和一个软木塞。他用锉刀锉削软木塞，使它刚好可以盖紧广口瓶口。又在软木塞上钻出两个小孔，将上一次制取氧气时用的曲玻璃管插入其中一个孔中，并将玻璃管透出木塞一些；然后，将一根比瓶身略高的直玻璃管插入木塞的另一个小孔中，插入的一端几乎全部穿过木塞。这时候，保罗叔叔在瓶子里放入了一些锌片，并且加入了足量的水，安上装置好了的木塞，又用蜡将木塞上的接缝处密封好，防止气体逸出。将这一切都布置好了之后，就将玻璃管的另一端放入准备好了的水盆中。爱弥儿在旁边看着这一切，心里非常着急。

他急忙对叔叔说："这是直玻璃管，不是长柄漏斗啊。"

保罗叔叔说："对，我们没有长柄漏斗，只好用直玻璃管了。"

"这根玻璃管很细，没有漏斗怎么注入硫酸呢？"

"嗯，这的确是一个问题，喻儿，你有没有解决这个难题的办法？"

喻儿说："我想到一个办法，但是说出来怕你们笑话我。我想可以用一张厚纸，卷成圆锥的形状，在圆锥顶部剪一个小口，这样就可以代替漏斗了。不知道这样行不行？"

"这个办法不错。在这个实验中，没有漏斗是肯定做不好的，你所说的纸漏斗，可以恰好代替玻璃漏斗。但是有一个问题，硫酸是一种腐蚀性极强的物质，将硫酸倒在纸上，瞬间就会让纸腐烂。好在一张厚纸不值什么钱，必要的时候我们可以多换几个纸漏斗。"

说了就做。过了一会儿，一个纸漏斗就很妥当地插在直玻璃管上端了，这样一来，加入硫酸就没有什么困难了。现在，实验可以开始了。保罗叔叔在瓶子里加入硫酸的时候，瓶子中的水立刻就"沸腾"起来了，氢从曲玻璃管的另一端释放出来，水盆里不断地冒出气泡。这时候，孩子们马上用燃烧着的纸片靠近水面，这些气泡一碰到火，立刻噗的一声，射出一缕灰白色的亮光。这些气体就是氢，这样的结果好像是在一个完备的实验室里做出来的。

保罗叔叔说："你们已经听过很多次这种水泡的声音了。现在，我们来点燃这些氢气。在水中溶解一些肥皂，再将曲玻璃管的出气口放入肥皂水中。你们知道，用麦秆向肥皂水中吹气，就会产生很多气泡。而在我们的这个实验中，气泡中的气体却是纯粹的氢气。这样一来，肥皂泡中就会含有我们需要的可燃气体。现在，我用一张燃烧着的纸片，接近肥皂泡，肥皂泡中的气体就会立刻被点燃，并且像鞭炮似的爆炸起来。这爆炸声比之前的实验更响，火焰也更大，不过发出的光还是灰白色的，这一点和之前的实验一样。"

孩子们兴趣很高，请求保罗叔叔做一次这个实验。这次的实验中，肥皂泡比之前的更大，所以点燃时的爆炸声也更响。最后，保罗叔叔说："我们从这个现象可以知道，氢气是很容易着火的一种物质，我们拿燃烧的纸片刚一靠近肥皂泡，泡泡里的气体就会立刻爆发了。但是现在，我要告诉你们，氢气虽然是一种可燃气体，但却可以灭火。我们甚至可以用一个实验来证实这件事。氢气的易燃性是其他物质都比不上的，但是，所有燃烧着的物质一旦没入氢气中，却会瞬间熄灭。例如，烛火被放入盛着氢气的瓶子里的时候，它瞬间熄灭的速度就像被放在盛着氮气的瓶子中一样。现在，我们就用一个实验来证实这件事。我们把曲玻璃管的一端没入水盆中，使气体顺着玻璃管聚集在广口瓶或者玻璃桶里，就好像制取氧气一样。"

保罗叔叔在这个气体充满了广口瓶之后继续说："这个广口瓶现在已经充满了氢气，我们把它取出来。"

说完，保罗叔叔拿起瓶底，慢慢地将它瓶口朝下，提了出来。孩子们看到他这样操作，认为保罗叔叔太疏忽了。

孩子们惊奇地问："叔叔，你这样将瓶子拿起来，不怕气体会扩散出来吗？瓶口朝下，又没有塞子。"

"不，孩子，氢气是不会落下来的。它比空气轻很多，所以它在空气中只会上升，不会下落。所以，要防止它逸出，只需要拦住它上升的路，不需要挡住下降的路。我倒拿瓶子，就是这个道理。现在，我将一支燃烧的烛火放入瓶子中，你们看！瓶口的氢气立刻发出了轻微的爆炸声，并且被点燃了。火焰渐渐从瓶子里向上升，一接触到瓶底就立刻熄灭了，和火焰在氮气的瓶子里的反应完全一样。"

孩子们似乎很难理解这种现象：他们不懂为什么一种可燃气体可以灭火。但是在叔叔为他们解释了一番之后，他们又觉得这个理由是十分简单的。

保罗叔叔说："关于燃烧的理论，我们以前提到过多次，现在让我们再来说一遍：一切燃烧现象，都是由于空气中的氧气和其他某种物质发生了化学作用。在没有空气的地方，什么东西都不能燃烧。烛火插入了盛氢气的玻璃筒中为什么会立即熄灭，就是因为那里没有助燃的气体。氢气可以燃烧自己，但是却并不助燃，所以对烛火的燃烧毫无帮助。何况氢气的燃烧也还是要靠空气的帮助呢。它最初被点燃，只是限于筒口的一部分，因为在那里，也只在那里才有空气存在。之后，筒口的氢气渐渐燃烧完了，附近的空气就进来补充这个空缺，所以火焰就可以一直上升到筒底。

"氢气比空气轻大约14倍。这个结论是将两者用一种极其精细、连一根毛发的重量都能够测量出来的化学天平称量得出的。氢虽然是一种极轻的气体，但还是有重量的，1升的氢气大约重1/10克。它是自然界中最轻的物质之一。1升水的重量是1000克，相当于同等容积的氢气的10000倍。其他的所有物质，有轻有重，全部都介于这两者之间。因为实验室的设备有限，我们虽然不能把上面说的事实全部证实，但可以用简单的实验来证明，氢气确实比空气轻很多。

"你们刚刚已经看见了拿起盛着氢气的广口瓶的方法——将瓶口向下来防止氢气逸出。因为氢气是极轻的气体，很容易向上方逃逸，所以要禁锢它，就必须拦住它向上的去路。现在，我们来做一个反面的证明，就是把筒口向上，瓶底向下，那么瓶子里的氢气就会完全逸出。"

他将广口瓶重新充满氢气，拿起来后，正放在桌子上，大家静静地等着，但看不见有什么东西出来，或者有什么东西进去。就算是最敏锐的眼睛也看不到有两种气体在这里互相交替。一会儿后，保罗叔叔说："我们已经等了很久，现在这瓶子里的氢气已经完全逸出了，留下的空缺早就被空气占据了。"

爱弥儿问："叔叔，你怎么知道的？为什么我没有看出来？"

"看，我当然也看不出来，就算是用我们三双眼睛一起看，也难以发现这个秘密，但是烛火却可以告诉我们一些眼睛看不到的事情。假如，烛火可以在这个瓶子中继续燃烧，那么我们就可以知道，瓶子里的气体已经变成了空气；假如瓶口的气体被点燃，而烛火熄灭，那么就表示瓶子里还有氢气。"

保罗叔叔将一个燃烧着的烛火伸入了瓶子里。他们看到蜡烛头在瓶子里继续燃烧，就和蜡烛在外面燃烧一样。这个现象就证明了氢气已经逸出，一种更加重的气体占据了它原先的位置。

保罗叔叔又说："假如我们将一个盛满油的碗放进一个盛满水的木桶里会怎么样呢？水比油重，所以一定会压开碗中的油而占据碗里的位置。而油比水轻，所以就会浮在水面上。在广口瓶直立的时候，氢气和空气的变化也就像是油和水的变化一样。我们还有一个更好的实验可以证明这一点，只要用几根麦秆和一小杯肥皂水就可以了。在麦秆的一段蘸一些肥皂水，再从另一端轻轻吹进来。爱弥儿不是常常会做这种事情吗？"

爱弥儿抢着说："你说的是吹肥皂泡吧？噢，这真有趣，叔叔！在麦秆的一端吹出一个小气泡，渐渐地把它吹大起来，再大起来，要是吹的得法，可以大到像苹果一样呢。在泡泡的膜上有很多颜色——红色、绿色、蓝色，和天空中的彩虹一样，比花园中的鲜花还要美。可惜它很快就会破裂，一切颜色瞬间化为乌有，不能够冉冉升到天空上。这就是美中不足了。"

叔叔说："那好，这次我可以给你一个十分完美的肥皂泡，它可以冉冉升起，正如你希望的那样，可以弥补你的遗憾。"

"那真是太好了。"

"现在，你照平常的样子吹一个肥皂泡给我们看看吧。"

爱弥儿拿起一根麦秆，蘸了些准备好的肥皂水，轻轻地吹出了很多的气泡。最大的一个，大小接近拳头。当容积慢慢增大、水膜渐渐变薄的时候，气泡都反射出一些彩虹一样的光彩。但是一旦和麦秆脱离，它们就慢慢地飘落在地上，没有一个可以飞起来。

保罗叔叔说:"这样吹成的肥皂泡是不可能飘扬起来的。这些气泡中的气体是空气,和气泡外的空气没有多大的分别,所以它们不会上升,也不会下降。但是气泡的薄膜是肥皂水做的,这薄膜比空气重,所以就会下降了。因此,我们如果想要制作出可以上升的肥皂泡,就必须在泡泡中充入比空气要轻的气体。这种气体不仅要轻的足以抵消肥皂水薄膜的重量,还要比排开的空气还轻,才能有上升的力量——这种气体就是氢。"

爱弥儿问道:"那么,怎样才能将氢气装到肥皂泡中呢?我们也不能用嘴吹进去啊。"

"我们可以让产生氢气的瓶子吹进去。我们将瓶子上的曲玻璃管换成一根直玻璃管,再用湿纸片包裹住麦秆的一段,插在直玻璃管里,让这个瓶子能有一个小小的出口。这个时候,我们只要时不时地在麦秆的顶端蘸些肥皂水,就可以让麦秆吹出很多充满氢气的气泡了。"

保罗叔叔说完就开始动手做实验了。果然,在麦秆的顶端持续不断地冒出了很多气泡,有大的,有小的,都有向上飞走的趋势。有几个足够大的气泡脱离了麦秆,很快地上升,有的在半空中就破裂了,有的一直飞到屋顶的天花板上,撞破了。孩子们久久地出神,他们望着每一个上升的氢气泡,看着它们一个个从麦秆的顶端产生出来,渐渐变大,呈现出五彩的色彩,又脱离麦秆,向天花板上升,等一碰到天花板,就立刻破裂了。第一个,第二个,每一个气泡都在重复着同样的过程。喻儿望着气泡深思,而爱弥儿在欢呼雀跃地唱着歌。

保罗叔叔说："现在，我来告诉你们一个更加有趣的化学游戏。我们在竹竿上绑一个蜡烛头，把蜡烛头点燃，然后把竹竿放在飞扬着的气泡下面。"

爱弥儿马上照着保罗叔叔的指示，把蜡烛头绑在竹竿顶上，拿着去追逐一个正在飘飞的氢气泡。当他终于追上一个的时候，只听噗的一声，那气泡在空中就化成了火焰，瞬间不见了。爱弥儿完全没有想到会发生这样的事情，不觉吃了一惊。

保罗叔叔说："你吓了一跳吧？你难道忘了氢气是易燃的气体吗？充满了氢气的气泡在碰到烛火的时候，是很可能会发出火焰的。"

"是的，这是很简单的道理，可我事先并没有想到。"

"既然你已经明白了这个道理，咱们就再做几次实验吧。"

这个实验重复被做了很多次，爱弥儿在等气泡还没有上升到天花板的时候，就会把烛火伸过去，因为他身手敏捷，没有一个气泡逃脱他的烛火。我们可以看到，氢气是如此容易被点燃。在这个时候，从不随便开口的喻儿，打破了沉默。

喻儿说："这些肥皂泡是撞在天花板上粉碎的。要是没有这天花板挡着，它们能飘到很高的地方吗？它们会飘到哪里去呢？"

"在空旷的地方，如果它们不在中途破裂，就可以飘得很高。不过肥皂泡的膜是很脆薄的，只要稍稍有一点刺激就会破裂。不过，在晴朗的天气下，它们也会飘到眼睛看不到的地方。今天的天气就不错，咱们可以马上到室外去试一试。"

他们把产生气泡的装置带到了室外，气泡照样被吹了出来。其中有很多上升到屋顶那么高的时候就破裂了，但是另外有少数的气泡，竟然可以飞到人的目力所不及的地方。不久后，连视力敏锐的爱弥儿也分不出哪里是气泡，哪里是蓝天了。

爱弥儿问："它们能飞得特别特别高吗？"

"我想应该不会。大概只能上升到100米左右吧，不过因为它们体型微小、质地透明，到了100米的高度时，肉眼就看不见了。而且，它们的薄膜不久也会破裂。你现在正望着的那个气泡，恐怕马上就要破裂了。"

"那要是这个膜不会破裂，这种气泡可以上升到多高呢？"

"关于这个，我倒是可以给你一个比较确定的数字。飞行家想要探测大气最上层的状况，于是用丝织品做成了一个很大的气球，外面涂上一层胶质，里面充上氢气或者别的气体。有三位最勇敢的飞行家曾经乘气球到达22000多米的高空，那就是苏联的飞行家瓦森科、费多赛因科和乌赛斯金，他们在1934年1月30日创造了这个纪录。"

喻儿问："为什么他们不能再飞高一点儿了呢？要是我，我一定要飞到天的顶端，去看看那里有什么东西。"

"要是你去飞行，恐怕还飞不了那么高呢。因为要飞到那样高的地方，需要过人的胆识。上面所说的三位苏联飞行家，下来的时候就死去了。"

"如果乘坐的人没有危险，这种氢气球可以飞得更高吗？"

"当然可以。"

"多高呢？"

"这个很难说，也许可以有记录的两倍。他们的探空气球曾经上升到25英里的高空，约合4万米。不过，可以确定的是，只要是气球，无论它被设计得如何科学精美，它的上升高度都是有限的。大气层的厚度约为45英里，约合72000米。只要一个物体是因为轻于空气而上升，就不会超过这个极限，因为超过了这个高度，就没有空气了，气球也就不会飘浮起来了。"

爱弥儿说："其实几千米高，或几万米高，我都无所谓，只要能有一个不会破裂的气球，我就很满意了。"

"那也没有什么困难，明天你就会看见一个不会破裂的气球了。"

"我也能让它飞到天空中去吗？"

"当然可以。"

爱弥儿听了叔叔的话，欢喜地拍着手。而喻儿脸上也露出了满意的笑容，他认为，虽然不能亲自去观察这美丽的苍穹，但是至少可以送一个氢气球上去。

喻儿说："叔叔，我还有一个问题。当肥皂泡被充满空气或者氢气的时候，在泡泡的薄膜上都会有各种鲜艳的颜色，这种颜色是从哪里来的呢？"

"这种颜色和空气还是氢气以及肥皂水的性质都没有关系，它们只是光线在薄膜表面起的作用。只要是薄膜这种透明物质，无论它是怎样的性质，有光线照射，就会散发出这样华丽的光彩。比如，滴一滴油在水中，这一滴油就会平铺在整个水面上，延展成一层薄膜，在这层薄膜上，就会出现你所说的颜色。一个肥皂泡，或是一层油，或者是任何薄的、透明的物质，因为可以呈现出彩虹的颜色，所以都被称为虹彩物质。"

名师点评

用铁与水蒸气高温下可以制取氢气，但是非常费劲且得到的氢气量很少，把少量水洒在炭火炉中也可以得到氢气，但那是混有一氧化碳的混合气体"水煤气"，并非纯净的氢气。

纯净的氢气我们可以通过电解水得到，也可以通过非常活泼的金属，比如钾、钙、钠与水反应得到。但是实验室最常用来制取氢气的方法，就是用中等活泼强度的氢前金属（活泼性比氢要强）——比如锌或者铁，与稀硫酸反应得到，对应的反应分别如下所示：$Zn+H_2SO_4=ZnSO_4+H_2\uparrow$ 和 $Fe+H_2SO_4=FeSO_4+H_2\uparrow$。通过把铁块或铁粉（锌片或锌粉）与稀硫酸一起导入气体制备装置进行反应，就能源源不断地产生氢气，直至其中某一个反应物反应完全。其他的酸，如盐酸和醋酸，因为也含有氢元素，且氢原子比较活泼，也会与这类金属反应生成氢气。

设计这样的装置时，要特别注意液封的设计，这样可以防止氢气逸出。生成的氢气可以用排水法，因为氢气不溶于水，也可以用向下排空气法得到，因为氢气的密度比空气轻，是自然界中最轻的气体之一，它的密度很小，只有空气的十四分之一左右，二氧化碳的二十二分之一左右，所以氢气在空气体系中有向上升腾逃逸的趋势，我们可以用向下排空气法，让氢气把密度更大一点的空气从瓶口下端排出。当我们用集气瓶收集到一瓶氢气后，需要把瓶子倒扣放置而不是正着放置，这样可以防止氢气逃逸。氢气密度小，很轻盈，这样的性质可以用来制作氢气球，氢气球可以升入万米高空，帮助我们完成观光或测绘工作。如果把制取的氢气通入肥皂水中，产生的肥皂泡可以飞到很高的地方，也可以被点燃放出火焰，发出爆鸣声。

氢气是可燃气体，可燃气体如果不纯，混入如氧气之类的助燃气体，点燃时就会发生爆炸。氢气在体积浓度4.0% ~ 75.6%之间会发生爆炸，这个区间也被称为氢气的爆炸极限，因此为了防止可燃气体点燃时候发生爆炸，点燃之前需要进行验纯操作：收集一小管气体，开口朝下靠近火焰，不纯的氢气会发出尖锐的爆鸣声，纯的氢气只会发生轻微的爆鸣声，这个差别可以很好地帮助我们进行纯度判别。只有纯度较高的氢气，点燃的时候才不会有爆炸的危险。

一种叫作氢的气体充满在气球里，因为气球的膜是由富于弹性的很薄的橡胶做成的。薄膜里面的氢气能透过这层虽然不像棉毛织物有小网眼但性质过于细微的薄膜。气球渐渐缩小，氢的位置渐渐被外边的空气替代。据此说来，氢的逸出也好，氢气和空气位置的调换也罢，总会导致气泡上浮力量的减少。

注：本章中的爆炸实验比较危险，大家切勿在没有安全防护的实验室或其他场合尝试。

"此刻就让我来实现诺言吧，小家伙们，快跟我去看那神奇的不会破裂的氢气球吧！爱弥儿，有件好几个月前的事还记得吗？那两个橡胶做的红色的氢气球多好玩啊。它们高高地上升，像一个个充满氢的肥皂泡。"

爱弥儿还没缓过神来，急忙答道："当然记得。它飞得非常高，我最喜欢它了。可是，这两个淘气的气球在我买回来没几天后就不肯飞起来了。我只好把它们放到玩具箱里，我已经好长时间不去玩它们了。"

"那么你试着去想一想，为什么这种气球飞了几天就飞不起来了呢？"

"我一直在努力地思考，可就是想不明白这其中的原因。"

"那就让我来告诉你吧。氢气充满在气球里，因为气球的膜是由富于弹性的很薄的橡胶做成的。薄膜里面的氢气能透过这层虽然不像棉毛织物有小网眼但性质过于细微的薄膜。气球渐渐缩小，氢的位置就渐渐由外边的空气替代。据此说来，氢的逸出也好，氢气和空气位置的调换也罢，总会导致气球上浮力量的减少。就这样，一两天之后，气球就升不起来了。除非你再充氢气，否则它就不能再升上天空了。"

"你怎么不早告诉我呢？我知道的话一定要请你替我装一点氢

气进去。"

"这很简单啊。只要气球的橡胶膜没有破裂，我们立即就可以让它焕然一新，成为一个全新的氢气球，能和以前的一样升上天空。你快把它们拿过来吧。"

爱弥儿兴奋地跑出了门，两个皱瘪的红色气球被带了进来。保罗叔叔把球上束缚的线解了开来。为了检验两个气球并没有裂缝或小孔，保罗叔叔向球里吹了一口气。

检查完后，他说："鉴于这两个气球都没什么破损，现在就可以开始行动起来了。我们得准备一个玻璃瓶，容积约为一升，然后往瓶里添加一些水和很多的锌片，之后再插一根直玻璃管在与瓶口密合的软木塞上（可以用鹅毛管代替直玻璃管）。千万不要忘记在气球的颈口要用细线扎住，以免泄气。在这之后，我会向瓶中加入一些硫酸，瓶中的混合物会起反应，产生大量气体。用手指一按气体就可以出来了，同时不要忘记把软木塞塞进瓶口。就这样继续，干瘪的气球因为新充入氢气的缘故，会慢慢膨胀变大。它会越来越大，如果你不及时采取措施，它就会因承受不了压力而破裂。最后，我会在玻璃管上方四五毫米处用细线把玻璃管绑住，以防止氢气逸出。"

保罗叔叔手里的气球竟然有了飘然上升的样子，这使得喻儿十分兴奋，他建议道："现在就让我们把它放回空中吧，看看它到底能不能升上天空。"

爱弥儿赶紧补充道："我们可不能轻易把它放走，让我找根长绳子把它系住。"

保罗叔叔阻止了爱弥儿："不着急，不着急，我们来仔细计算计算：这儿到底有多少的氢气呢？最多不会超过一升吧。一升氢的重量约为0.1克，同样体积的空气的重量为氢的14倍，即1.4克。所以气球里的氢比同体积的空气轻1.3克。我们做这样的假设：橡胶本身的重量为1克，那么氢气泡要上浮得有0.3克的力，这样看来，你的绳子就不能超过0.3克。0.3克是一个多么微小的数量啊，这下你就知道绳子不能太长了吧。"

"对的，对的，氢气泡上浮的力量特别微小，它没办法承受一根长绳子的重量。既然这样，我们就绑上一根纤细的绳子吧。"

三个人小心地在氢气球上缚上了一根长绳，气球就缓缓上升，不过，它没能升得很高。

孩子们疑惑地问道："怎么会这样呢？它为什么停在半空就不动了呢？"

"拖绳会随着高度的升高而变得更长，而这些绳子的质量会添加到氢气球的质量上去。球外的膜、球内的氢和拖绳子的重量之和在达到和气球同容积的空气的重量的时候，气球就没有了浮力，自然也就没办法上升了。现在爱弥儿把这个氢气球保存起来，再去吹一个更大的气球，这样它就可以自由自在地飞上去了。"

喻儿问："有没有什么能够替代橡皮膜的东西呢？猪的膀胱是不是可以用来代替？你看，猪的膀胱又合适，又容易找得到，这不是一个天生的氢气球吗？"

"实在找不到更适当的东西时，猪的膀胱也可以来替代一下。自然它的形状比橡胶膜大好多，它的膜壁比橡胶膜更坚牢，但有许多脂肪质被黏在了它的表面，白白增加了气球的重量。你们要记住一点：气球膜要越薄越好，这样就可以使氢的上浮力不会减少这么多。一升的氢所能支持的重量不能超过一克，假定猪的膀胱能容4升的氢，那么膀胱内的氢，至多只能支持4克的重量，超过了4克，气球就会下降。因此，如果我们要使这样的一种氢气球高高升起，就得预先剥去膜上的脂肪质，以减少它的重量。有一点还是要注意的，就是不能把膜壁剥碎。

"从上面的实验中可以看出，氢气轻于空气。为了验证氢气和空气的混合物的性质，现在我们可以做几个实验：我注入1/3容积的水到这个容积不到1/4升的长颈小瓶里，然后把它倒覆在水盆中。在制取氢的瓶中空气与水的比例为2：1，再加入少许的硫酸，并换上曲玻璃管，使管产生的氢由水底通入长颈小瓶，从而占据瓶中水的位置。待长颈小瓶中充满气体后，其中空气和氢的容积的比例也是2：1。在这之后，我塞上长颈小瓶的塞子，为了让它只露出瓶颈，我又拿出一条毛巾来将瓶子包好。"

保罗叔叔边说就边行动起来，他用毛巾把长颈瓶包起来，然后又把塞子揭开来，使得瓶口能够接近燃着的蜡烛。突然又爆发出一种很响的声音。这使得孩子们都震惊了。

爱弥儿开心地说道："好棒的'气枪'啊，再打一次吧。"就这样，保罗叔叔重复了以上的操作——把瓶中的氢气和空气混合在一起——接连发了好几"枪"。氢气和氧气混合比例的不同决定着声音的高低:有的高亢短促,就像枪一样;有的像小狗尖叫;有的就是一种很嘈杂的声音。这些声音对爱弥儿来说都很有趣。

保罗叔叔说:"这其中有很多道理:氢气和空气的混合物是一种爆发物,只要一接触火焰,便会猛烈地爆发。虽然这些混合物看不见、摸不着,但它们却有着极大的力量,如果出口太小,容器就会爆炸。我特意把毛巾包裹在瓶子的外面,就是为了避免破碎的碎片往外飞散。同样地,我在这个实验中还挑选了一个只有0.25升的小瓶子,因为考虑到瓶子大了,爆发力也大,拿瓶子的人可能会有危险。

"众所周知,空气是由两种气体混合而成:活泼的氧气和不活泼的氮气。氢气之所以会爆炸不是因为氮气的原因;相反地,氮气的惰性和大份额地占有比例,反而会阻碍化学作用并阻碍化学过程的发生。这样来说,只是空气中的氧气参与了化学反应。我们假设一下,纯净的氧气和氢气混合的话会有什么样的效果:爆炸的声音一定会非常响。我已经准备好了所有的东西,我也准备好了一大瓶的氧气,把它倒扣在水碗里面。在一切开始之前,我必须提醒一点:氢气和氧气的比例在达到2:1时,反应的响声是最大的。

"为了制作爆发物的容器,我往广口瓶中充了很多水,之后把它倒放到水盆里面,再加入一些氧气,用刚才的长颈小瓶做计量单位;其次又往里面加入两小瓶的氢气。这样,爆发物就成功地出现在我们面前了。虽然乍一眼看上去,瓶子里面什么都没有,但实际上却容纳着一种非常危险的爆发物，要是不留心触着了火，这玻璃瓶就会猛然爆裂，使我们受到重大损伤。如果你们自己去做这个实验时，必须切记：手头虽然预备着水，但对于这种严重的后果，一定要注意。这种爆发物和燥湿无关，即使将它埋入水底，也丝毫不会减少它爆发的力量。

"我手里拿着的是一只漏斗，我把大瓶中的混合气体混入长颈小瓶里面，然后拿出来塞上木塞子，用毛巾把它们一层一层地裹住，这样可以避免瓶子破裂。大家注意了，我现在就要把瓶子揭开放在火焰旁边了。大家当心啊，一，二，三！"

"三！"孩子们异口同声地说道。

简直是炮声，不是枪声，乒！猛烈的声浪，把整个房间都震撼了。爱弥儿跟着声响跳了起来，确实，他有一些吃惊的样子。

他喊道："好奇怪啊。一种透明的、看不见的东西竟然能够有如此大的响声，快快，我要赶紧把耳朵捂住。"

"不行啊，不行啊，这个实验是来听的，不是看的。你的耳朵被手遮住了，还能够听得到真正的声响吗？孩子，不要害怕，怕了我就不做这个实验了。"

保罗叔叔再一次点燃了蜡烛——蜡烛总是在每一次"发枪"时被吹灭——一次又一次重复这个实验。爆发时的力震得玻璃窗格格作响。这一次有经验了，爱弥儿一点儿也不害怕，勇敢地把实验过程牢记下来，他看到一米长的火焰从瓶口喷了出来。

保罗叔叔说："'炮弹'已经被我们用完了，'玻璃炮'已经不能再发射了。现在，我们要研究的是氢气在氧气中燃烧变成了什么东西。当氢和氧的混合气体爆发时，氢和氧就化合了，随之产生的是一种不甚明亮的火焰，这样化合而成的新物质是一种无色气体，必须把它收集来凝缩之后才好检视。要制造这种新物质，若照上边的实验，就有两种困难：混合气体的分量多，会使爆发太猛烈；而分量太少，新气体就会丧失在空气中。这样看来，要制造这种新物质，我们就得让氢气和氧气慢慢化合：我们要准备一个发生氢气的管子，让它在空气中慢慢燃烧。

"是时候把这个装置预备起来了。和吹肥皂泡一样，只要把那根直玻璃管换上一根管口像针一样小的尖嘴玻璃管就可以了。下面是尖嘴玻璃管的制作方法：用一根易熔的玻璃管，将其中央部分在酒精灯上均匀地加热，等到熔软后，就把它慢慢地拉长，使这熔软的部分收缩成细条状，然后用锉刀齐腰切断，即成同样形状的两根尖嘴玻璃管，这样做出来的尖嘴玻璃管都可以拿来用到这个实验当中。"

保罗叔叔准备好了所有的工具，接着说道："水、锌和硫酸都被放进了瓶子里面，氢气就可以从尖嘴玻璃管中喷出来。我准备在尖嘴管口点火，但是在做这一步之前，必须考虑清楚一些事：氢和空气的混合物是一种会爆发的气体。现在从尖嘴玻璃管里放出来的氢气，还混杂着瓶子里本来含有的空气，所以，这时候若是在管口点火，这危险的混合物就会在瓶中爆发，将瓶子炸破。即使不然，至少也会将木塞弹出，把酸液溅在我们的衣服上，腐蚀成红色的斑点；假如不幸溅到我们的眼睛里，就会有失明的危险。我可要提醒你们，在做氢气实验的时候，要密切关注这种十分容易爆炸的混合物。在你们点燃氢气的时候，要时不时地去看看是不是有空气混进去了。

"实验进行到这里，鉴于一开始放出来的氢气中难免会混有空气，所以一定要让它跑到空气中去。等到跑得差不多的时候，就可以开始实验了。为了检验这气体中有没有空气，我蘸取了一点肥皂水把它滴在了尖嘴管口，这时管口形成的肥皂泡已能脱离管口而很快地上升，可见瓶中已无空气存在，即使有，也是很少的了。但是为安全起见，我们仍旧用毛巾把瓶子包裹起来，以防万一。现在，我用一张点着的纸靠近管口，氢就立刻着

火燃烧起来，发出淡黄色的、暗淡的火焰。一切的危险都已过去了。因为我最初点燃这气体的时候不曾爆发，则此后绝不会再发生爆发了。所有的空气已完全被逐出瓶外，这样从管口里出现的就是纯净的氢气。这个时候已经不需要毛巾了，为了看清楚瓶子中起的化学反应，我干脆把它拿下来好了。

"这管口的火焰是淡黄色的，这就是氢气燃烧时的表现，即使它的光线很弱，但它的温度却高得吓人。

"把氢气叫作最好的燃料，是一点也不会错的。铁匠指示给我们看的事实还记得吗？

"要使炽热的铁变成白热，你说只要把水洒在熔炉中的煤块上就可以了，是吗？"

"对。燃烧着的煤能把水分解，分解成了氢气，得到的氢气遇火燃烧，就会有很高强度的热产生。"

"那么，我们的一长条铁丝能被很小的火焰烧红吗？"

"不仅仅能烧红，还能烧到白热状态呢！快看快看！我把铁丝的一端放在火焰上面，不一会儿，耀眼的强光就放射了出来。铁匠就是利用这个道理，用湿煤来将铁条烧至白热。"

"另外，氢气还有一个特性，虽然不是太要紧，但却极有意思：它的火焰会唱歌。适当的玻璃管被准备好后，你们就可以听到了。管子短而粗的发音较低，管子长而细的发音较高。若是没有相当的玻璃管，可用保险灯的罩子来代替，或用厚纸来做成纸管都行。这种管子最好要有长、有短、有粗、有细。其中有一根玻璃管就是我特意准备的。"

保罗叔叔立刻就开始进行实验，在火焰上，他让玻璃管直立着，然后就有一种与管风琴发出的音乐一样的声音出现了。把管子上下移动，火焰就在管口显现了，而伴随着的声音或高，或低，或震颤，或和谐，或如严肃地默祷，或如高声地歌颂。接着，保罗叔叔又将各种管子，长的、短的、粗的、细的、纸做的、金属做的——所有音阶的各个音都被试了出来。

听到这种刺耳的声音，孩子们忍不住大叫道："好奇怪的乐曲啊！我一定会让我们家的巴儿狗也加入其中，快让我把它们叫过来吧！"

没一会儿巴儿狗就带来了，它还认为有什么好东西给它吃呢，于是毫不犹豫地跟了过来。但这奇怪的声音一出现，它便慌忙高声大叫，这让爱弥儿和喻儿也跟着笑了起来，保罗叔叔在这个时候也没有了严肃的神色，跟着大声地笑了出来。

保罗叔叔下了命令："我的功课在有它时是讲不下去的，赶紧把它赶出去吧。"

很快，巴儿狗就出去了，一切又归于沉静，保罗叔叔继续说道：

"对大家来说很容易弄懂：我们做这个实验，不仅仅为了欢笑，在它的背后还有另一个更为重要的目的，这目的到底是什么呢，我在之后马上就会告诉你们。此时此刻，我要来回答一个你们非常想知道的问题：为什么氢气的火焰会唱歌呢？当气体的氢从瓶中逸出管外的时候，立即与四周的空气相遇，所以不断有轻微的爆发，从而使套在火焰上的玻璃管中的空气柱起连续的震动。由于空气柱的震动，我们就听到了声音。

"可是现在不是讨论这个问题的时候，我们先不谈这个，我们要做的是，研究燃烧后的氢气到底变成了什么东西？我会再一次把那根玻璃管拿起来，用吸水纸卷在一根棒上将管内擦干，然后把这玻璃管再套在氢的火焰上。不过现在，你们不要听那声音，只注意管内所起的变化。不久，在玻璃管内壁的表面上会生出一层薄雾，渐渐浓密，终至有几滴无色的液体沿内壁流下。这液体便是燃烧后的氢，也就是氢和空气中的氧化合而成的化合物。从外表来看，任何人都会把它当作水的，我们可以通过尝尝这水的滋味来确定它的性质。

"由于我用的管子太细，这样出来的液体还不能够让一个指尖润湿，所以我们必须想办法改进实验，可以选择用一个广口瓶把玻璃管替换掉。我会把瓶子的内壁擦干净，然后把它套在火焰上面。同样的薄雾又会产生，到后来会越积越多，到最后会凝结成小水滴，水滴会沿着内壁流下来。只要我们有耐心，一定会有很多的小水滴聚集起来的，流到瓶口，这样手指就可以蘸到它了。"

颠倒着的瓶子里的火焰燃烧了一会儿以后，瓶子就被保罗叔叔轻轻地摇动起来，跟预想的一样，有很多液体冷凝到了这里面，流到了瓶口上，聚集在一个地方。在保罗叔叔的指示下，孩子们立刻用手指蘸着，想尝尝其中的味道。

喻儿说："我怀疑它是水：你看它没有味道，也没有臭味，连颜色都没有。"

"你怎么可以怀疑呢？它就是水啊。我叫你们听氢气火焰唱歌的原因就是要让你们明白这其中的道理。氢燃烧之后就是水，水是由氢和氧化合而成的。通常人们认为水是火的敌人，而实际上水却是由能够生最热的火焰的最好燃料氢和能够使金属燃烧的唯一助燃气体氧，互相化合而成的。化合成水的氢和氧的分量并不相同，其中氢占两份，氧占一份。从这个事实来看，你们便可明白，为什么我用两小瓶的氢和一小瓶的氧来混合了。这种混合气体在爆发时都产生少量的水，这水受了高度的热，因蒸发而很猛烈地冲出瓶子，同时发出巨响。因为这巨响，你们也许以为这种爆发一定曾产生了大量的水，但实际上却是很少的，不过很小的一滴罢了。将来，你们可以用数字计算出来。化学家告诉我们，要制成一升的水，须有1860升的混合气体，其中620升为氧，其两倍即1240升则为氢。由此可知，从我们这个只能容纳1/4升混合气体的瓶子所生的水，数量是非常少的。你可以想象，这是一个多么隆重的婚礼啊：氢和氧在大家的祝福下结合成了小小的一滴水！

"接下来我们要讲的，是用硫酸和锌来制造氢气的原因。你们已经知道，硫酸是硫的氧化物的水溶液，其中含有三种元素，即氢、氧、硫。硫酸中的氧和硫，与锌的化合力较强，所以遇见了锌，便同锌化合而成另一种新的化合物，叫作硫酸锌。氧和硫便不再和氢气结合在一起，氢气只好单独地跑开了。说到生成的新物质硫酸锌，看到它的名字，我们就可以知道它是盐类的一种。我们不能看见它的原因，是因为它作为盐很容易溶解在水中。

"该是时候看看刚才发生氢气的瓶子了。在这个时候，化学作用已经完全停止了，锌已经变成盐类存在于水中，那些黑色的剩余下来的东西是一些起不了化学反应的杂物。我们把瓶子放在角落里，过一会儿之后，溶解在水中的东西就会以一种白色沉淀物的形式结晶出来。这种有着很强烈味道的白色沉淀物就是硫酸锌。"

名师点评

　　氢气在空气中或氧气中会安静地燃烧，发出淡蓝色的火焰。淡蓝色火焰一般能量比较高，因为氢气是单位热值极高的可燃气体，燃烧的时候会放出大量的热，可以达到1.4×10^8焦/千克，大约是同等状态下天然气的2倍左右。我们在铁匠铺见识到保罗叔叔如何从水中制取氢气，也明白了水是由氢元素和氧元素组成的氧化物，因此自然也能够猜到，氢气燃烧之后，会生成无污染的产物水：$2H_2+O_2=2H_2O$。氢气在氧气或空气中可以安静地燃烧，生成水蒸气，水蒸气可以用干冷的烧杯或玻璃瓶去检验，能看到一层无色透明的水雾。如果有无水硫酸铜$CuSO_4$——这是一个专门用来检验少量水的灵敏检测试剂——可以更灵敏地检验到生成的水蒸气，我们可以看到白色的无水硫酸铜瞬间变为蓝色的五水硫酸铜（$CuSO_4 \cdot 5H_2O$）：$CuSO_4$（白色）$+5H_2O=CuSO_4 \cdot 5H_2O$（蓝色）。氢气与氧气混合之后，如果体积浓度处在前述的爆炸区间（4.0% ~ 75.6%），可以发生瞬间爆燃。因为氢气与氧气恰好反应的体积比是2：1，因此当氢气与氧气以体积比2：1混合时，产生的爆炸最猛烈。在实验室中，如果没有老师指导和足够的安全保护措施，小朋友们千万不要独自尝试这样的危险实验哦。

第十九章

一支粉笔

这里有一块石灰，我把水洒在上面，它便可以发热裂开成为粉末。接着，我加入更多的水将它搅成薄糊状。石灰是能微溶在水中的，你们记得吧？现在，我要制成这样一种澄明的没有丝毫未溶解石灰质的溶液。拿一个垫着滤纸的漏斗，把这薄糊状的石灰放到滤纸上过滤。

"孩子们，高亢的机关枪声和刺耳的特别音乐，今天我们将不会听到了，猛烈的火焰和热闹的氢氧结合'典礼'也没有了。但之所以其重要性不亚于上一门课，正是因为这是一次惊人的功课。我们要问：煤或木炭燃烧后会变成什么东西？在氧中它烧得明亮异常，我们绝不会把这场伟大的表演忘了。一种不可见的气体，即二氧化碳，在这燃烧作用中产生了，它就是我们以前讲到的碳酐气体。和别的酐一样，它的水溶液——碳酸，也能稍稍把蓝试纸变成红色。虽然这是一种被人习知的气体，但是我们以前只知道它的名称，却不知道它的真实性质，现在，我们有必要做一番详细的研究。首先，我来指导你们如何认识它并制取它。

"这里有一块石灰，我把水洒在上面，它便可以发热裂开成为粉末。接着，我加入更多的水将它搅成薄糊状。石灰是能微溶在水中的，你们记得吧？现在，我要制成这样一种澄明的没有丝毫未溶解石灰质的溶液。拿一个垫着滤纸的漏斗，把这薄糊状的石灰放到滤纸上过滤。就像你们知道的，筛子可以用来分开粗细两种物质的混合物，使细的东西落在下面，而粗的物质留在上面。滤纸也像筛子，纸上有许多看不见的细孔，那些溶解的变成微粒子的物质从细孔中通过，没有溶解的大颗粒的物质就留在纸上。只要杂质或者沉淀物在液体中存在，就可以用滤纸来滤清。它是一种圆形的纸片，大小不定，药房或者仪器商店都有供应。由于滤纸只需要有细孔和遇水不破的特点，中国的绵料纸也可以在没有滤纸的时候代用。在用的时候，先要把它对折两次，成为一个扇形，再继续对折直到不能够再折，再把它稍稍展开，就是一个有皱纹的纸漏斗了。把它放在一个玻璃制或者金属制的漏斗里，下方放一个来承接滤过液体的瓶子，让漏斗柄插在其中。

"我已经准备好了滤器，现在，过滤石灰的薄糊。大家注意看，这滤器上面的液体是多么浑浊与浓厚，而那滤器下面的瓶子里却装着多么洁净和清澈的液体呀，几乎接近清水了。既然已经溶解和未溶解的石灰能够被这滤纸完全分离开来，我们想象一下，这难道不是一个奇异的筛子吗？这些经过滤器的液体虽然看上去像水，其实却仍有已经溶解的石灰，我们甚至可以从它的滋味上加以辨别。这样的水溶液叫作石灰水，它可以在接下来的研究中用来做二氧化碳的实验。

"要怎么制造二氧化碳呢？我们现在让木炭在空气中燃烧。这里有两个同样大小又充满空气的瓶子，我在一个瓶子里放入一段炽燃的木炭，并让它继续燃烧，一直到熄灭。这样就能制成少量的二氧化碳。由于这种气体是无色的，我们无法看见它，但是石灰水可以证明它的存在。接下来，我把一两匙的石灰水用汤匙注入瓶中，并进行震荡，非常快地，这澄净的石灰水就变成了白色的浑浊液体。为什么石灰水会变成白色呢？是因为二氧化碳的存在吗？想要回答这个疑问，我们得再问一个问题：另一个瓶子里的氮氧化合物——空气——能否把石灰水变成白色？我们要借助实验来确定这个结论。在另一个含有空气的瓶子中，我要注入一些洁净的石灰水，再进行震荡，可是瓶中的石灰水还是如同清水一样明净，并没有多少变化。看来，既不是氮也不是氧，而是二氧化碳使得石灰水变色。你们必须要记住：气体中除了二氧化碳以外，都没有使石灰水变白的作用。

"由此看来，石灰水可以作为辨别二氧化碳和其他气体的一种工具。比如说，在一个瓶子里充满着某种未知的气体，而我们又不知道它是不是二氧化碳，就可以使用石灰水来判断。如果经过震荡后，石灰水无法变成白色，那么这种气体就一定不是二氧化碳，如果可以，那么它就是。有时炭的燃烧我们无法察觉，但是只要有石灰水就可以轻松解决。所以，二氧化碳能将石灰水变成白色；相反，凡气体能将石灰水变成白色的，一定是二氧化碳。"这个原理我们必须牢记在心，因为石灰的这一种特性，我们将来还有用得上它的地方。

"用一只玻璃杯盛满被二氧化碳所变白的液体，把它拿到明亮的地方，对着光望去，就可以看到在其中有许多团团旋转的白色颗粒。把这个杯子静置一段时间，液体里面那些小颗粒就会慢慢沉下去，又会和清水一样了。再把上面的液体倒去，下面微量的沉淀物留下来。这些沉淀物是什么东西呢？可能你们会从它的外表上看，觉得它是面粉、淀粉或者白垩粉。那它到底是什么呢？它的确是白垩粉，就是用来制造粉笔所用的那种物质。

"你们会以为在黑板上写字的粉笔就是用这样的原料来制成的

吗？其实不是。如果为了制造粉笔就要燃烧木炭和溶解石灰，那么这样做的成本和工程都非常大。平常制造粉笔，我们都是用天然产出的白垩，它们只要经过除杂、调水、用模型压成条状就形成了。现在我们所得到的白色物质就是人工方法制成的白垩。这是怎么形成的呢？在实验中，二氧化碳和石灰水相遇，就和石灰水结合成一种盐类，学名碳酸钙，俗称碳酸石灰。

"碳酸钙在自然界也有产出，然而它们的状态，如粗细、坚松、硬软却不相同，即便都是碳酸和石灰化合而来，有质地粗松柔软易粉碎的白垩；有硬而粗糙的石灰石、建筑石、铺路石；还有硬而细致的大理石。虽然它们的名称、外形和用途各不相同，但是它们的构成物质都是燃烧后的碳与石灰的化合物。它们之所以是同一种化学物质，是因为它们的内部构造是一样的，对于以上的各种石类，有一个共同的名字——碳酸钙。所以，就像我们从燃烧的木炭得到的二氧化碳一样，我们也可以从白垩、石灰石或者大理石中制取出二氧化碳。

"我们可以从上面了解到什么呢？几块小石子也可以供给二氧化碳，而不需要燃烧木炭来制造同样的气体。因为化学总能扰乱我们习惯了的概念，在无知的人看来，它简直就像是魔术。你想找到最好的燃料？它却把你叫到水里去。而你想找到木炭燃烧产生的气体的时候，却又得到石子里面去找。

"有一个事实，让好奇的爱弥儿深信不疑。那便是最黑的物质会存在于最白的物质中。白垩中有碳。刚才在瓶中燃烧的确实是碳，形成木炭的碳：燃烧后形成的碳氧化合物，就是二氧化碳；后来二氧化碳遇到了石灰水，就和石灰相化合，而形成白色的小颗粒，悬浮于水中，就是我们看到的白垩。

"为了让瓶中能充满纯粹的空气，我将瓶子注满清水，然后倒出。再用铁丝附着住蜡烛，点燃后探入瓶中。让蜡烛一直燃烧到熄灭为止。现在，猜想一下，瓶子里生成二氧化碳了吗？让石灰水揭晓答案吧。往瓶中倾入少量的石灰水，稍加震荡。看呐，石灰水已经变成乳白色了。所以我们可以知道，蜡烛在燃烧时产生了二氧化碳。另外，我们也知道蜡烛的蜡中，其实也含有碳。

"同样，纸也含有碳，这是另一个实例。只要我们燃烧一张纸片，通过检查它的黑色的灰烬就可以知道其中含碳。我们还能下定论吗？不行，因为物质的外表是会欺骗人的，所以必须经过实验证明。用纯粹的空气充满瓶子，在不使灰烬落下的情况下把卷好的纸条塞在瓶中燃烧。再接着用石灰水注入瓶中，立刻，那石灰水就变成乳白色了。由此，我们看到，这张纸已经自己说出，纸里含有碳，确凿无误。

"其实，我们已经直觉地知道纸中有碳，因为燃烧纸片时产生了黑烟和残余的黑色的灰烬，就像我们由蜡烛所产生的黑烟知道蜡中含有碳，即使它们都是白色的。可是另外有一种物质——酒精——却没有像它们一样的含碳的痕迹。虽然和水一样都是无色透明的液体，但它有强烈的气味可以证明并不是水。它容易着火，能燃烧，而且不产生烟。那它到底有没有含碳呢？我们无法从它的燃烧中找到一点碳的痕迹——既没有黑色的烟也不残留黑色的灰烬。于是石灰水就出场了。只要将小杯酒精附在铁丝上，点燃后伸入盛有纯粹空气的瓶子中，等到酒精燃完，加入少许石灰水，它就变成了乳白色。这下问题就被解决了。酒精中含有碳吗？答案是绝对有。虽然它外观如无色透明的水一样，它的组成却有这么一种黑色不透明的物质——碳。

"只要用这样的方法，我们就可以去实验各种物质，只要燃烧后产生的气体能使石灰水变成白色浑浊的，都是含有碳的。之所以反反复复地强调这样一个事实，无非是想要让你们明白：单凭外观，是无法认识一种化合物的真实性质的。有的物质实际是含有碳的，虽然外观不像，就像我用实验证明的那样。而一块小石子能够产生二氧化碳气体的事实更加奇异，这是我请你们留意的。

"所有的石灰石，包括白垩和大理石，它们的成分中都含有二氧化碳。碳酸是一种力量很弱小的酸，一旦碰见其他的强酸都会退避三舍。因此，倘若在石子（即碳酸钙）上滴注一些强酸，就可以看见二氧化碳被新来的酸根赶了出来。而这时那个新来者就把二氧化碳占领，进而化合成为另外一种新的盐。例如，碳酸盐能被硫酸变成一种硫酸盐，又能被磷酸变成一种磷酸盐。在这样的两种情形中，改变盐类的同时，相应地能让石子的表面产生许多气泡，这就是二氧化碳。

"这样的作用非常好看，刚才我们用人工方法做成了白垩粉，现在我们来实验一下吧。虽然这白垩粉在杯子底下还没有干燥，但是这并不会影响到实验的成功与否。我在这白色的糊上滴注一滴硫酸之后，就看见一些泡沫在这混合物上产生，就像沸腾一样。正是被硫酸驱逐出来的二氧化碳的小气泡聚焦而成了一个个泡沫。现在我们拿一支在黑板上写字的粉笔，也就是再用一些真的白垩来实验。取一支粉笔，用一根细玻璃棒蘸一点硫酸，将它滴在粉笔上。在接触的地方会有泡沫产生，这就是硫酸赶走二氧化碳的证据。

　　"这白色的粉末的性质和白垩相同，这你们已经听我说过。从现在的实验更能有力地证明这个事实。这两种物质在碰到了酸之后都有这样的反应——起泡沫并产生二氧化碳。不仅是表面，而且两种物质内部也一样：总而言之，这两种物质是一种东西。

　　"换言之，石灰石和前面两者也是同一物质。但我们又如何判别某种石子是否是石灰石呢？由于我们需要二氧化碳来做种种实验，首先要找寻这种石子来制取，所以上面这个问题急须解答。我们已经知道，强酸是一个最可靠的石灰石鉴别家，这是化学告诉我们的，所以只要有一滴强酸就可以解决问题。这是一块从水滩边捡来的硬石子，用硫酸滴上去一点儿作用也没有，也没有泡沫产生。看来它不含二氧化碳，因此不是碳酸盐，就不能用来制取我们想要的气体，所以我们只好丢掉它。另外这一块也是很硬的石子，同样，滴一些硫酸滴在上面，它立刻就产生了泡沫。看来它含有二氧化碳，因为是碳酸石灰即石灰石。那些对石子不熟悉的人，当不能从石头的外观来判别哪个是石灰石，而哪些不是石灰石的时候，都可以采用上面介绍的方法。"

爱弥儿道："这是个简便的方法：那些石子只要是碰到强酸能够产生泡沫，它就是石灰石；如果不能，就不是石灰石。能够产生泡沫的石子，都意味着里面含有二氧化碳；不产生的，就说明其中并不含有。"

保罗叔叔说："对呀！现在还有一件事我要告诉你们。我们在前面已经说过，石灰石是一种碳酸盐，它在化学上被称作碳酸钙，但是其他包括铜、铅、锌这些金属，都有一种或者多种碳酸盐，碳酸盐不仅是碳酸钙的一种。然而在自然界中，还是碳酸钙的含量最多，在这个世界上，它肩负着重大的任务，所以这是要被特别提出来让你们注意的。世界上大半的土壤是碳酸钙形成的，而蜿蜒数千里的山脉也有不少是石灰石构成的。不过值得注意的是，不论自然界产出多少碳酸钙，一旦碰到强酸，它们都会毫无例外地产生泡沫并放出二氧化碳。毕竟，之所以称为碳酸盐就是因为它们含有二氧化碳。

"我从灶膛中拿出来一把柴灰，放在这只杯子中，如果我问它们是些什么东西，你们一定回答不了我，因为不管从它的形状、滋味还是气味上，都不能得到一点暗示。但是我们却能很快地解决这个问题，只要用一个巧妙的间接的方法。我用少量的酸注在柴灰上，就会有泡沫猛烈地产生。于是我知道其中有着……谁能告诉我有些什么呢？"

爱弥儿迫不及待地说："有碳酸钙。"

喻儿道："我觉得，爱弥儿的回答太快了。因为一切碰到强酸的碳酸盐都会产生泡沫，所以这些泡沫只能说明它是碳酸盐，而不能告诉我们是哪一种。"

"你说的很对。这灰中含有一种不是碳酸钙的碳酸盐：它是另一种金属——钾的碳酸盐——你们不大听到过。刚才，我的实验虽然不能告诉你们这里面所含有的金属究竟是什么，但是至少我们可以知道，它是含有二氧化碳的。所以化学家在决定物质的性质的时候，都是用这样的方法实验的。当你拿着一块矿石或一撮泥土，抑或任何物质到化学家那里去让他检验。他用一种化学药品实验一下它，可以告诉你其中含有铁；用另一种化学药品进行实验，又告诉你其中含有铜；再用第三种来实验一下，又可以证明其中是含有硫的。这样一一实验下去，他就可以把这种物质的成分完完全全地告诉你。这些铁、铜、硫，不仅仅用肉眼看不见，就算是进行了各种实验，也不是一般人能看出来的。正因为化学家看到了各种化学药品对物质都起了什么作用，他们才能推断出来，知道这物质中是含有铁、铜、硫等元素。看到一块大理石碰到硫酸产生泡沫，我们就判定它含有二氧化碳，当然也有碳。与此相同，化学家在确定某种物质含有这种元素或某种物质含有那种元素时，可以根据他所应用的实验而并非用肉眼观察。

"现在让我们来准备制造一些二氧化碳吧。我们已经在这里备有不少打碎的石灰石。拿起一把碎石子放在瓶子中，并加入一些清水，来冲淡强酸的作用，以免气体放出得太快。因为如果气体放出太猛烈，就难以驾驭了。这次用的酸就不是刚才用的硫酸了：因为碳酸钙碰到硫酸会变成硫酸钙，而这种俗称烧石膏的物质是不能溶解的，产生后就会附在石子的表面上，阻碍了化合作用的继续进行，使气体中途停止了释放。这样的操作虽然在开始会顺利进行，但是却会慢慢完全中止。只有使石子时常保持清洁不为障碍物遮盖，才能使气体自由地放出。换句话说，让新的化合物在形成的时候立即离开。怎么才能达到这个目的呢？必须使新的化合物溶解在周围的水里，而用盐酸就可以达到这个目的。"

爱弥儿问道："你说用什么酸？"

"我说盐酸。"

喻儿问："你曾经说过，在形成某种酸的非金属的名字后加一个酸字，就能得到那种酸的名称。而盐酸是一个盐字，不是非金属元素的名称，又是为什么呢？"

"我应该分两步来解释这个问题。首先，因为盐酸是用食盐制成的，所以俗称为盐酸。就像硝酸是用硝石来制成的，所以俗称为硝酸一样。其次，它和以前所说的各种由非金属氧化物形成的酸是不相同的，以前所说的各种酸都是含氧的，而它却是一种不含氧的酸。它只由氯和氢两种气体化合而成，因此它的学名应当是氢氯酸。然而我们之所以仍旧称之为盐酸，不过是因为盐酸这个名字，大家已经说习惯了。我希望你们不要忘记，这氯呢，是食盐、氯酸钾和氯酸中所含有的一种非金属元素。而至于氢，上一节课我们曾讲到过，我想就不用再多加说明了。

"盐酸或者说氢氯酸，是一种有强酸味的黄色的液体，在空气中有臭味，会放出辛辣的白烟。在这盛着水和石灰石的杯子里，我注入一些盐酸，石子中的二氧化碳因为被盐酸驱逐而释放出来，就使石子周围猛烈地产生泡沫，我们将在下一节课详细地讲解这个化学作用。"

名师点评

煤、木炭、天然气、酒精或石蜡等一切含有碳元素的有机或无机的可燃物质，在空气中燃烧之后，当氧气充足时，碳元素都会与氧元素结合生成二氧化碳，当氧气不足时，可能会生成一氧化碳。二氧化碳是碳酸的酸酐，溶于水生成碳酸，可以让蓝色石蕊试纸变红。我们一般可以用澄清的石灰水，也就是氢氧化钙的水溶液来检验二氧化碳。生石灰与水反应会生成熟石灰，也就是氢氧化钙，氢氧化钙微溶于水，溶解的部分过滤后得到澄清的溶液，这就是澄清石灰水。当我们把二氧化碳通入澄清石灰水中，或者通过吸管直接往里吹气，澄清石灰水就会与二氧化碳反应生成白色浑浊物：$Ca(OH)_2+CO_2=CaCO_3\downarrow+H_2O$，这个白色浑浊物就是更难溶的碳酸钙（$CaCO_3$）沉淀。纸张或其他任何含碳物质燃烧也都可以生成二氧化碳，我们可以通过观察白色沉淀的产生来推断气体中是否含有二氧化碳，进而推断原来的可燃物中是否含有碳元素，这种通过燃烧产物推断元素组成的方法也是我们研究物质元素组成和含量的一种重要手段。

碳酸钙在自然界中普遍存在，它是石灰石和大理石的主要成分。因为它是石灰水吸收二氧化碳的产物，所以必然蕴含着碳元素和氧元素，因此工业上可以通过煅烧它来大量制取二氧化碳：$CaCO_3=CaO+CO_2\uparrow$，得到二氧化碳的同时也得到了前述的生石灰，生石灰又可以用来制取熟石灰或石灰水吸收二氧化碳，循环往复，周而复始。石灰石煅烧过程需要高温条件，操作和收集较为困难，所以实验室一般不采用这样的方法一来制取二氧化碳。实验室一般用碳酸钙与盐酸反应制取二氧化碳：$CaCO_3+2HCl=CaCl_2+H_2O+CO_2\uparrow$。这个反应用稀硫酸也可以实现，但是因为生成的硫酸钙（$CaSO_4$）溶解度不像氯化钙（$CaCl_2$），硫酸钙是石膏的主要成分，它微溶于水，溶液中硫酸钙的量积多了就会出现浑浊或覆盖在没反应完的碳酸钙固体表面，导致制取二氧化碳的反应速率变得很慢，所以我们一般不选稀硫酸与碳酸钙进行反应。

除了大理石和石灰石，我们使用的粉笔，主要成分中也含有碳酸钙，我们可以采用滴加稀盐酸或稀硫酸观察表面是否冒泡的方法来识别物质中是否含有碳酸盐。碳酸钙是含量最丰富的一种碳酸盐，但自然界并非只有这一种，矿石中还有很多碳酸钠（Na_2CO_3）、碳酸锌（$ZnCO_3$）、碳酸铅（$PbCO_3$）之类的碳酸盐，还有燃烧过的草木灰中含有的碳酸钾（K_2CO_3），它们都可以与盐酸或硫酸反应冒出气泡，也就是生成二氧化碳。

第二十章

二氧化碳

我们从昨天的功课中得知，大量的二氧化碳存在于石灰石中，还知道倘若想释放这石灰石中的二氧化碳，就需要将另一种较强的酸加入其中，譬如能使石子的表面常保清洁而又不影响化学作用持续进行的盐酸。我们今天就要将这种二氧化碳从石灰石中提取出来。

"我们从昨天的功课中得知，大量的二氧化碳存在于石灰石中，还知道倘若想释放这石灰石中的二氧化碳，就需要将另一种较强的酸加入其中，譬如能使石子的表面常保清洁而又不影响化学作用持续进行的盐酸。我们今天就要将这种二氧化碳从石灰石中提取出来。做这个实验需要的装置和制氢的装置相同，那就是一个广口瓶，带有宽大的软木塞，有两个孔在木塞上。将一根直玻璃管插入其中一个孔里，要一直自顶穿到底，还要在管的上端装一个小玻璃漏斗，如果没有玻璃漏斗，可以用锥形的纸来代替。将盐酸沿着这个漏斗慢慢地注射下去，使之产生速度适中的泡沫。在另一个孔里，插入一根曲玻璃管，以此作为瓶中气体导出的通道。

"请看，这个有两个孔的大木塞广口瓶就是我们需要的工具。我将一把最坚硬的石灰石碎块放在瓶中，当然最好是有大理石。不过由于我一时之间找不到这种物质，所以只好用石灰石来代替了，好在用石灰石虽然有缺点，不过缺点只是杂质较多，容易使液体浑浊，此外对实验并没有什么太大的影响。我先将一些水加到瓶里，然后将瓶塞盖上，以便让直玻璃管插入水中。接下来，我将少量的盐酸注入瓶中。此时，由于石子开始释放出二氧化碳，于是我们便可以看到水中有反应发生。我们现在无须过分注意它，反应就可自行进行。不过隔一段时间，还是要加入少量的盐酸，让反应持续进行。"

　　爱弥儿见保罗叔叔漫不经心地将那瓶子放置在一边，便大声说道："快点，快点拿一些盐水来！"

　　保罗叔叔对他说："这个实验其实无须用水盆的：因为如果我们不用水盆，同样也能得到我们需要的二氧化碳。"

　　"可是那样的话，气体就要逃走了。"

　　"逃走一些也没关系的。它的制取相当容易，而且所需原料价格也低廉。石子俯拾即是，无须花钱购买；微量的盐酸，也至多是几分钱的价格。而且我让这些气体逃走还有一个原因：我要让二氧化碳将瓶子里本来的空气赶走。

　　"如今，瓶子里的空气几乎已经排尽了，纵然有，也只是微量的。现在我将曲玻璃管导入另一个广口瓶中，使管子的一端一直插到瓶底。用不了多久，这瓶子里就会充满二氧化碳。"

　　喻儿对此持反对意见，说："但是这瓶子没有木塞，从曲玻璃管中释放出来的气体，肯定会散逸到瓶外去，即使不然，也会有空气混杂在里面。"保罗叔叔答道："这一点你可以放心。二氧化碳比空气重。当二氧化碳从曲玻璃管中导入集气瓶的底部时，就排开瓶中原有的空气，而逐渐形成很厚的气层。被排出的空气不断向瓶口流出，同时二氧化碳也不断地进入取代空气的位置。反应便以这样的原理继续进行，直至那集气瓶完全被二氧化碳填满。如果我们有一杯油，并慢慢地往这杯油中注水，将会产生怎样的现象呢？因为水比油重，水将积聚在杯底，并渐渐上升，直至把油完全排出杯外。当我们将二氧化碳导入充满空气的瓶中时，它和水的作用是相同的。"

爱弥儿说："我明白了，不过我还有一个疑问。对于油和水这个现象，我可以从颜色上辨别出来，但是现在的二氧化碳和空气，却是什么都看不见的东西，我们怎么能够知道瓶中空气已经排出，而只剩下纯净的二氧化碳呢？"

"我们的眼睛尽管看不见它，但如果借火焰的帮助，我们就能理解有这么一回事。二氧化碳是燃烧的敌人，它不能容许有些微的火焰存在。我将一张纸点燃并放在瓶口边。如果这纸片能继续燃烧，那就表示瓶口还有一层空气留着，如果这纸片立即熄灭，那就表示瓶中已完全是二氧化碳了。现在我们可以来试它一试。你们看，这燃着的纸片还未来得及放入瓶颈便已熄灭，这便证明了二氧化碳已积聚到瓶口。现在我们就可用这一瓶气体来做实验。这用来产生二氧化碳的装置，目前已没有什么用处了，我暂时把它放在一旁。等到再需要它的时候，我们只要注入一些盐酸，让它和石灰石再次发生反应就可以制得二氧化碳了。

"现在我们从石灰石中释放出来的二氧化碳就是瓶子里的气体。这种气体是无色透明的气体，其外观和空气一样。大量的化合作用将它牢牢地禁锢在小小的'石牢'——石灰石中，因此即使不到胡桃大的一块石子，也能够产生好几升的气体。我们刚才是将二氧化碳从石子中驱逐出来，现在却要赶它回去，将它重新禁锢在小小的石牢中。我在充满二氧化碳的瓶中注入一些石灰水，用手掌密闭瓶口，并加以震荡，那液体就像酸牛奶一样，立刻变成白色。我们将它静置片刻，那些白色物质就会沉入水底，形成很厚的一层固体。你们已经知道，这白色物质是石灰水和二氧化碳化合而成的一种化合物，也就是碳酸石灰，即白垩。所以我们在这里得到了一个新的证明，即石灰石中的确含有由木炭燃烧而生成的二氧化碳。

"刚才的二氧化碳是消失了，它已被禁锢在白色的泥滓里，等这泥滓干燥后再加以压缩，就会变成石子。现在我拿出制取二氧化碳的装置，再在这个瓶子里收集一瓶二氧化碳。你们想象一下，一根燃着的蜡烛在充满二氧化碳的瓶子中会发生怎样的变化？"

爱弥儿说："就如燃着的纸片一样，烛火会立刻熄灭。"

喻儿对爱弥儿的话加以补充，说："除非在氧或空气中，否则一切的物质都不能燃烧。"

事实的确如此，那烛火一拿到瓶口，就马上熄灭了。那个反应是那么迅速和彻底，简直比氮还厉害。不但那火焰马上被熄灭了，就连烛芯上的火星，甚至也在转眼之间消失无踪。

保罗叔叔接着说道:"二氧化碳气体既不能助燃,也不能维持生命的存在。动物倘若生活在二氧化碳中,会在短时间内因窒息而死亡。接下来,让我们再来证明二氧化碳比空气重的结论。当我们收集二氧化碳的时候,其实我们根本无须借助于水盆的帮助就已经可以证明二氧化碳比空气重。不过,我还要给你们一个更显而易见的证明。

"我们用两个有同样容积和同样大口颈的瓶子,右边的瓶子里充满二氧化碳。我探入一根烛火,那火焰立刻就熄灭了。在左边的瓶子里充满着空气。我探入一根烛火,那火焰能继续地燃烧。现在我拿出烛火,将右边的瓶子慢慢地倒转来,覆在左边的瓶子上,使两个瓶口相对,就像将右边瓶子中的水注入左边的瓶子一样。这时候,我们虽然看不见上方瓶子里的气体流入下方瓶子,也看不见下方瓶子里的气体在升入上方的瓶子里,但事实上,它们的确是在交换位置。我们立刻就可以得到证明:二氧化碳是较重的气体,所以下降充满下方的瓶子,空气是较轻的气体,所以就上升而充满上方的瓶子。稍等几分钟,待两种气体完全调位以后,我把两个瓶子放回原位,再用烛火来实验。实验的结果就是:在右边瓶子里的烛火能继续保持燃烧的状态,据此可知,其中原有的二氧化碳已成为助燃的空气,在左边瓶子里的烛火马上就熄灭了,据此可知,其中原有的空气已变成了不助燃的二氧化碳。我们由此可以得知,上方瓶子中的二氧化碳已经和下方瓶子中的空气的位置互相调换了。"

名师点评

　　就像前面保罗叔叔利用锌片和铁片制取氢气一样，利用稀盐酸与碳酸钙之间的反应，我们可以设计合理的气体发生装置和收集装置来制取二氧化碳。通过下端液封的漏斗把盐酸溶液加入碳酸钙固体中，二氧化碳就会源源不断地生成并导入到集气瓶中。二氧化碳是一种无色无味密度比空气大的气体，在水中有一定的溶解性（一般情况下，一体积水能够溶解一体积二氧化碳气体），因此我们一般不用排水法收集二氧化碳，但是可以利用其密度比空气大这一原理，用向上排空气法收集二氧化碳。二氧化碳与氮气相似，不可燃也不助燃，因此燃烧的木条伸入装有二氧化碳的集气瓶中，木条会立即熄灭。我们可以利用燃烧的木条伸到集气瓶口看木条是否熄灭来验证气体是否收集满了。当我们把二氧化碳像倒水一样向瓶子中倾倒时，它可以像流水一样从高处流向低处，进入瓶中的二氧化碳因为密度比空气大，也会慢慢沉入底部，与瓶中原有的空气互换位置。因此，利用二氧化碳不助燃和密度比空气大的性质，在装有高低蜡烛的烧杯中倒入二氧化碳，可以观察到两根蜡烛从低到高顺次熄灭。

第二十一章

各种各样的水

孩子们，如果化学仅仅被认为是一连串的实验，是空暇时候的娱乐方式，这会是一个重大的错误。看镁带在氧气中很明亮地燃烧，氢气泡在碰到火苗瞬间的爆炸，这的确颇有趣味，但化学的目的并非仅此而已。化学是一门严谨的学问，与宇宙中大小物质都有着极为密切的关系。

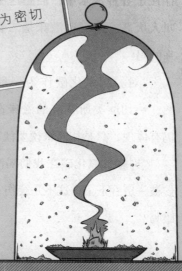

　　"孩子们，如果化学仅仅被认为是一连串的实验，是空暇时候的娱乐方式，这会是一个重大的错误。看镁带在氧气中很明亮地燃烧，氢气泡在碰到火苗瞬间的爆炸，这的确颇有趣味，但化学的目的并非仅此而已。化学是一门严谨的学问，与宇宙中大小物质都有着极为密切的关系。我们今天的功课就是来学习汽水、啤酒等饮料的发泡原理。

　　"当汽水的瓶盖被打开，或是被倒进杯子里的时候，由于汽水中含有大量的二氧化碳，就会有许多的泡沫在汽水中生成。啤酒的发泡也是基于相同的原理。"

　　喻儿说："有一种辛辣的滋味普遍存在于各种汽水中，但是这滋味并不叫人厌恶。请问这滋味是二氧化碳带来的吗？"

　　"对。二氧化碳作为一种极弱的酸，一切酸类所特有的滋味在它身上仍有体现，只是相对来说要淡一些。

　　"许多二氧化碳在我们喝汽水的时候被一道吞下了，这不是会伤害身体健康吗？

"肺脏吸入大量二氧化碳会对人身造成危害，但是对于肠胃而言，具有酸性的二氧化碳反而能帮助消化。你们应该都知道，这样的一种物质虽然会对人的呼吸不利，但却完全无害于胃。水在肺脏中不能给人体供给空气，所以水是不适于呼吸的。通常也没有人敢在水中呼吸，人一旦吸入了大量的水，就会窒息，也就是我们通常所说的溺死。然而我们仍然把水视为一种最好的饮料。和水一样，二氧化碳被喝入胃中是可以的，没有丝毫危险，并且若混合在饮料中，还会帮助人消化。但如果无限制地呼吸二氧化碳，就有被闷死的危险。

"天然产的二氧化碳几乎存在于所有我们喝的水里，而且由于这种气体及其化学作用，在饮水时我们的身体会同时吸收一种石质，以满足我们全身骨骼成长的需要。我们通常喝的水外观无论怎样的清澈，也绝不是纯粹的，它们都溶有杂质，一个有力的证据便是用久的水壶都在壶底积着一层坚硬的石状物质，这种黏在器壁上的石状物质非常牢固，要除去它只有依靠浓厚的食醋。它之所以拥有如此强大的黏着力，是因为它是真的石子，这石子和建筑用的石子并无二致。也就是说，它就是石灰石。由此可见，无论怎样清洁的水，其中都溶有石子，这正如有甜味的水，必然溶有糖质，尽管我们的眼睛并不能看见。"

爱弥儿说："我从来没有想到过喝一杯水的同时会吞下一粒石子。"

"孩子，在身体发育成长的过程中，对石灰石的需要是大量而必需的，它可以用来提供制造骨骼的原料。人体骨骼的重要性，就像梁柱对于建筑物一样。我们所需要的石灰石，并不是由我们自

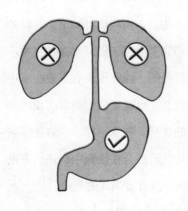

己造成的，而是从饮食中得到的，多亏了我们常常吞下一些石子呢。我们得到石灰石的主要途径是饮水。如果水中不含有石灰石，那么骨骼就无法正常发育，那么我们就要站不起来了。

"我们可以通过一个简单的实验来观察石灰石在水里的溶解过程。这个小瓶子里有少量的澄清石灰水，将制取二氧化碳装置中的曲玻璃管通入瓶底，石灰水会变成乳白色。我们知道，这是由于二氧化碳和石灰化合生成碳酸石灰——石灰石，白垩——碳酸钙沉淀的原因。这并没有什么新意，因为是已经做过了的实验。但是我们如果继续让二氧化碳在石灰水中放出，那么等到所有的石灰全部和二氧化碳相化合以后，生成的石灰石又会溶解在水中，虽不能立刻全部溶解，但至少会溶解掉一部分，所以将会呈现出液体乳白色逐渐消失，而变得像实验开始以前一样澄清的现象。

"现在你们看看，和以前一样澄清明洁的液体出现了，因为白色物质已经消失。虽然看不见有什么东西，但是我们可以确定，在这种液体里一定会含有方才所生成的碳酸石灰，我们之所以看不见它，是因为这碳酸石灰已溶解在水中了。刚才学到的东西综括起来就是：少量的石灰石能够溶解在含有二氧化碳的水中。

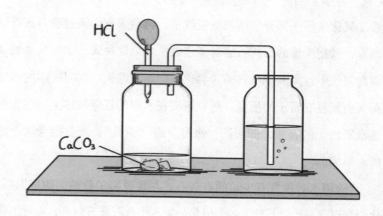

"现在还有一件事要告诉你们，如果将这溶有碳酸石灰的明洁的水静置数日，溶解在其中的二氧化碳就会渐渐逸去，这正如杯子里的汽水被放置太久，其中的二氧化碳会逐渐逸出一样，同时因为失去了一部分二氧化碳，那溶解的石灰石又会变为白色的粉状物质。我们可以迅速促成这种变化：只要加热该液体，使得其中一部分的二氧化碳被放出，就可以看见那白色的粉末被再次分离出来。我们可以从这个实验中明白：第一，凡含有二氧化碳的水都能溶解少量的石灰石；第二，凡溶有石灰石的水，如果在空气中暴露过久或被加热，那么其中的二氧化碳就会逸去，而同时水中溶解着的石灰石就会被释放出来。

"我们前面已经说到，二氧化碳存在于各个地方的泥土中。而联想到每天工厂发动机器时和厨房中烧火煮饭时都会产生这种气体，你就会明白各地的大气中也都含有二氧化碳。而各种天然水中含有碳酸石灰大致是因为泉水穿过泥土和雨水穿过大气途中都会碰着二氧化碳，一部分气体就被吸收了，再后来它们流过有石灰石的地方，就把少量的石灰石溶解了进去。如果这种天然水被长久地暴露在空气中，则其中所含的二氧化碳会渐渐逸去，同时所溶的碳酸石灰会恢复它石子的形状，然后沉淀在水中的任何物体上。沉积在盛水器皿上的石质，即所谓'水凝'或'锅垢'，就是因为这个原因而形成的。

"饮用水必须含有少量的石灰石，在我说明了骨骼的构成以后，你们会很容易明白其理由的。但是如果水中含石灰石过多，胃就不容易消化它们了。一升水中含0.1～0.2克石灰石是最适当的分量。所含的石灰石超过了这个比例的天然水就称为硬水，是不适于饮用的。

"有一种泉水，叫作石灰矿泉，这样的泉水中有时含着过量的石灰石，一旦遇外物浸入，不久就会在表面生成一层石质。有一些很有名的石灰矿泉的例子，比如克勒芒斐龙地区的圣阿列勒矿泉。这泉水流淌在莽丛之间，如果在这种水中放入花、叶、果子等类的东西，就能在它们的表面上生成一层石质，使其看上去和用大理石雕刻出来的一样。当然了，用这种水来制作饮料显然是不适宜的。"

爱弥儿同意道："当然不适宜了，喝了这种水，石灰石会大量积在胃里，必然不容易消化。"

"虽然我们在家庭中所用的水不会含有这样的石灰石，但是有时候也会有所表现，尤其是在洗濯中。你们必定注意过，溶有肥皂的水多少会变得比之前白一些。可是这白色并不是肥皂造成的，因为肥皂溶解在纯粹的水中时，例如雨水中，几乎是无色的。如果肥皂把普通的水变白了，那就完全是因为水中含有石灰石。含过多矿质的水无法濯除污物，因为在这种水中肥皂溶解得很少，大都成为微细的颗粒，在水中悬浮着，使水变成白色，而并不和污物发生作用。

"我们不但不能用这样的水来洗濯，将它用于烹饪也是不适宜的，特别是烹煮块状的食品时，因为如果食品的外面包裹了一层水中的石质，就算煮一天它也不会被煮熟。这种不适于洗濯的水，自然也不适于饮用，我们若是喝了这种水质的水，过多的石质就会积聚在胃中，有碍于消化。

"现在还有一个关于饮用水的必要性质要告诉你们，即少许的空气溶于水中是必需的。水被加热不久，水底就会有气泡冒出。这种气泡其实并不是水蒸气的气泡，因为在这样的温度下，水的汽化还没有开始。它们是空气的气泡，是热将溶解在水中的空气驱逐了出来。而饮用水则必须含有这种溶解着的空气，要是水中缺少了空气，那么它品尝起来一定很不可口，甚至会让人恶心和呕吐。刚从沸水状态冷却下来的微温的水喝起来无味就是这个道理。所以泉水和流水是最好的饮用水，它们不停地在动，常与空气相接触，最多量的空气溶解其中。相反，静止着的水，因为与较少空气接触，故不易溶入空气。而且往往有腐败的植物质掺杂其中，喝了有碍健康。

"前面已经说到，普通的水中大都溶解有少量的二氧化碳。现在我还有几句话要补充，有许多泉水中含着多量的二氧化碳，甚至会产生气泡，有酸味。这种泉水称为发泡矿泉，塞尔占和维乞等矿泉是著名的例子。这种矿泉中的水在医药方面大有用途。

"我们已经将水中的二氧化碳部分讲解得差不多了。最后，再来谈谈碳和氧化合而成的气体对于人类呼吸的关系。之所以说'碳和氧化合而成的气体'而不是'二氧化碳'，是因为燃碳时会有两种不同的气体生成。完全燃烧的条件下，会生成含氧较多的二氧化碳，或称碳酐，俗名二氧化碳。我们已经知道，二氧化碳有碍于呼吸，人若不换气地连续呼吸它，在短短几分钟内就会被闷死。不过它并不是一种毒气。它被添加在饮料中，尤其是汽水或啤酒中，在面包中我们也时常吃到它，因为面粉发酵时所生的二氧化碳，才得以形成面包中的小孔；我们时常从大气中吸到它，因为二氧化碳是大气的组成部分，尽管只是极小的一部分；最后，我们自己的身体本身，也是一个二氧化碳的产生源泉，我们会在呼吸时呼出二氧化碳。以上均可表明它绝不是一种毒气。所以人被纯粹的二氧化碳闷死，并不是因为这气体自身存在毒性，仅因为我们呼吸所必需的空气不能由它供给罢了。正如氮使人闷死一样，都是同一原因。

"一氧化碳和二氧化碳有着完全不同的性质；一氧化碳是一种毒气，即便少量的气体被吸入，对身体也是非常有害的。更危险的是，在我们的屋子里产生了这种气体，却不会轻易被人察觉。它无色无味，人们通常无法知道它的存在，直到伤害开始显现。许多不幸事件时常在友人谈话中、在报纸上被我们了解到，大都由于疏忽或无知，在密室中燃烧煤球或木炭，因而中毒致死。在这类悲惨事件中，肇祸的主因就是燃烧时产生的一氧化碳。即便只是闻了少量的一氧化碳，也会有厉害的头痛和一般的不适现象产生，之后可能产生知觉减退、眩晕、恶心和极度的疲劳。如果这样的状况持续下去，就是将生命置于险境，随时有生命危险。

"我们必须知道，这种可怕的气体会产生于什么样的状况下。因为一氧化碳是碳燃烧不完全时所产生的，所以显然是当碳的燃烧被某种物质阻碍，但同时又未完全造成其熄灭，这时一氧化碳就产生了。因此如果碳燃烧时通风不畅，或者燃烧中缺乏足量的空气，一氧化碳气体就足以生成。试着回想一下，炭火在炉中刚烧着时候的情形。起初，温度太低，燃料的大部分是冷的，气流也并不活泼，所以这时候的燃烧很迟缓，常见有蓝色火焰发生。其后，燃烧渐旺，就不再看见这蓝色的火焰了。一氧化碳的存在与否可通过这种蓝色的火焰判别，因为一氧化碳在燃烧变成二氧化碳时就会生成这样的火焰。你们今后如果看见在燃烧着的燃料中含有蓝色的火焰，就可以确定其中存在着一氧化碳气体。

"现在你们明白了吧，燃烧煤球或木炭时，如果产生的气体没有从烟囱里逸出，而是散布到我们的房间里来，将是极度危险的；要是这房间很狭小，而且四周的窗户紧闭，就更增加了危险性。因此，万万不可在这种狭小的房间里使用炭盆、煤球炉或风炉等没有烟囱的燃烧器具，因为没有良好的通风，燃烧不旺，这种不可见的有毒气体常常会产生，暗中作祟，使人猝不及防。甚至有未及发觉，便已死于中毒的事。如果人站在炭盆或煤球炉边，觉得头痛，这头痛便是一氧化碳气向我们发出的唯一警告，为了确保生命的安全，随时留心这种警告是我们需要做到的。"

名师点评

二氧化碳溶于水生成碳酸，因此它生活中的一个重要作用就是制作碳酸饮料，汽水或啤酒中都有碳酸存在，因此它们都会冒泡。自然界的水中也会有二氧化碳溶解其中，雨水一般都显弱酸性，因此并不是酸性的雨水就一定是被污染了的酸雨，自然界二氧化碳溶于水中达到饱和，可以让酸度下降到pH约为5.6，因此只有低于这个值，一般才认为是酸雨。水质中含有的少量二氧化碳还有利于人体对钙质的吸收，因为它可以抓住水中的钙离子。自然界的水分为硬水和软水，水质较硬的水，其中含有的可溶性的钙镁离子浓度较大，反之软水中含有的可溶性钙镁离子就较少，甚至几乎没有。长期饮用含钙镁离子浓度太高的水，人体会有结石的潜在危险。但是煮沸之后，可以让水体中的可溶性钙镁离子转变为氢氧化镁和碳酸钙沉淀除去，使得硬水转变为软水。因此我们常常能在烧水的水壶或锅炉底部或边缘看到一层白白厚厚的水垢。硬水和软水可以用肥皂水来区分，软水遇到肥皂水会产生较多气泡，硬水遇到肥皂水，钙镁离子会与其中的高级脂肪酸盐形成高级脂肪酸钙或高级脂肪酸镁沉淀，因此无法产生很多气泡。

古语说滴水穿石，非一日之功，说的也是与碳酸钙和二氧化碳有关的化学变化过程。我们知道澄清石灰水中通入二氧化碳，溶液会变浑浊，因为生成了碳酸钙沉淀：$CO_2+Ca(OH)_2=CaCO_3\downarrow+H_2O$。

但是如果继续通入过量的二氧化碳，沉淀会转而消失。因为碳酸钙会与二氧化碳和水继续反应，转化为可溶性的碳酸氢钙：$CaCO_3+CO_2+H_2O=Ca(HCO_3)_2$。自然界中的石头，多数成分都是碳酸钙，它们在水滴或水流不断冲击、冲刷的过程中，也会发生与上述反应类似的过程，石头的主要成分碳酸钙逐渐转变为碳酸氢钙溶于水中并随着水流迁移离去。这个过程也可以用来解释有趣的溶洞或喀斯特地貌形成的过程。山上的石头随着风吹雨打，流动的水有利于二氧化碳和碳酸钙溶解其中，逐渐随着水流流走，流到山下洞穴之中，因为山下温度升高（较山顶高很多），或者水流流速变慢（甚至不动），都不利于二氧化碳溶于水，碳酸氢钙又逐渐分解，二氧化碳逸出，转而又生成碳酸钙沉积：$Ca(HCO_3)_2=CaCO_3\downarrow+CO_2+H_2O$。这也是为什么溶洞中的钟乳石一般会长成水流形状的原因，大自然的鬼斧神工，其实蕴含了丰富的化学原理。当然，自然水体中不仅会溶解二氧化碳，也会溶解氧气，流动的水会溶解更多气体，这也是流水不腐的道理。别看水体中溶解的氧气含量少，却是千万水生生物赖以生存的基础。

碳元素与氧元素组成的氧化物除了二氧化碳，还有一氧化碳。二者都由碳元素和氧元素组成，但其中碳原子的个数比例不同。这就导致一氧化碳与二氧化碳性质有很大的不同，虽然两者浓度过高都会危及生命。但是二氧化碳没有毒害作用，仅仅让人有窒息之虞，一氧化碳却是不折不扣的有毒气体，吸入少量就会要人性命。它会与人体内搬运氧气的血红蛋白结合，使其失去活性，进而导致人体缺少氧气，大脑和机体就会缺氧而死。一氧化碳一般在碳不完全燃烧的时候会出现：$2C+O_2=2CO$。炭火炉中底部局部缺氧，也会由二氧化碳与碳反应产生一氧化碳：$C+CO_2=2CO$，生成的一氧化碳在逸出到上方的时候会被点燃：$2CO+O_2=2CO_2$，产生淡蓝色的火焰。因此，燃烧煤炭或使用炭火炉的时候，需要保证环境通风，有足够的氧气参与反应，避免生成一氧化碳，如果生成一氧化碳，且在密闭环境大量堆积，对生命会造成严重威胁。

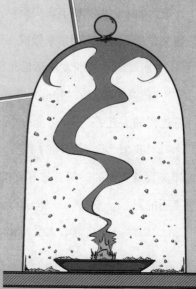

第
二
十
二
章

植物的工作

保罗叔叔说道："今天我要给你
们讲一个故事，说的是一个著名
的厨师怎么斥责我的一个朋友
的。在某个节日，我的朋友看着
厨师在厨房里烧菜。当炉灶上的
菜锅慢慢沸腾起来，有一股刺激
的香味从锅中透出来。"

保罗叔叔说道："今天我要给你们讲一个故事，说的是一个著名的厨师怎么斥责我的一个朋友的。在某个节日，我的朋友看着厨师在厨房里烧菜。当炉灶上的菜锅慢慢沸腾起来时，有一股刺激的香味从锅中透出来。

"我的朋友问他在烧什么东西。

"厨师脸上带着得意的笑容回答道：'是栗子鸡。'然后去把锅盖打开。一时之间一股使人垂涎欲滴的香味弥漫了整个屋子。

"我的朋友称赞了一通，接着说：'你的手艺果然了得，但是要用好的原料烧得好菜也并不难。要说什么才是理想的烹饪，应该是不用鱼，不用肉，不用家禽和野味，也不用一切蔬果，却能做成一道好菜。如今你做菜得上街买原料，这多么麻烦。如果你能够把极其普通又非常易得的东西拿来做成一道菜。那样，才算是真正的手艺好。'

"厨师听完我朋友的话后呆了好一会儿。

"他高声说道：'什么！难道不用鸡就能烧出鸡来？请问你有没有这样的手艺？'

"'我怎么会有这样的手艺。不过世界上确实有这种手艺的大厨师，我是知道的。倘若你和你的同伴与这样的厨师相比，还是不够高明的。'

"厨师一时自尊心大受打击，眼里闪着光。

"'那你能告诉我他用些什么样的原料呢？我认为，他不用原料是做不出来菜的。'

"'你要看他用什么原料吗？非常简单，全在这里。'

"从一个袋子里，我的朋友摸出来三个小瓶。厨师拿起一个来看，但见里面盛着一些黑色的粉末，他倒出一些来尝尝味道，又闻一闻香气。

"他说：'你和我开玩笑吗？这是木炭呀。让我看看其他的瓶子里放了些什么。哈哈，这不是水吗？'

"没错，是水。

"还有一瓶？咦，怎么这个瓶子里什么东西都没有呀！

"怎么没有——里面盛着空气呀。

"空气！太棒了，用它做成的菜肯定特别好消化。你就是想吃这种空气鸡吗？

"很想吃。

"不是开玩笑吗？

"不是开玩笑。

"他难道真是用炭、水和空气来烧菜吗？

"正是。

"厨师的鼻子变成了青色。

"难道他能用炭、水和空气烧成一盆栗子鸡吗？

"能，一百个能够。

"厨师的鼻子由青变紫，又再泛红。火气爆发了。他觉得这个人疯了，就是来和他开玩笑的。所以把我的朋友的肩膀抓住，推出了门外，把那三个小瓶子都扔在他的背后。接着那个红色的鼻子又从红变紫，再变成青，总算变回了原本的颜色。但是木炭、水和空气能做成栗子鸡的事，却无法得到确凿的证据。"

喻儿问："那你的朋友是不是真的在开玩笑呢？"

"这倒不是开玩笑。那三个小瓶子确实是含有做菜的原料的。就像我说过的那样。木炭和碳可以构成面包、牛肉、牛奶和无数用来食用的东西。如果一片面包烘太久，或者一块牛肉忘记在炉灶上，会变成什么东西，你们还记得吗？"

"噢，我明白了，你的朋友，意思是说食物的化学成分。碳是做成面包的一种原料，而其他两种呢？"

"第二种是水，这也容易说明。在一片烘着的面包上，用一块玻璃悬空盖着，不久，你就可以发现玻璃上布满了潮湿的'水汽'，就像我们嘴里呼出来的一样。它们便是从一片面包中蒸发出来的。从这里可以发现，虽然面包看起来很干燥，但其实含有水分。如果我们把一片面包的所有水分完全提炼出来了，那么这水的分量之多将会让你们吃惊。我们每吃一片面包也就吃下许多的水，这肯定会让你们惊讶。"

爱弥儿产生了异议："可是水并不是吃的，是喝的呀！"

"我之所以说我们吃水，是因为面包里的水是不流动的，也无法解渴；它是固体而非液体；它是干的而非湿的；它需要咀嚼而不能靠喝。如果要说得更明白，那么应该说它不再是水，而是水、空气和碳结合起来的东西。"

爱弥儿说:"我已经知道,水是构造面包的一种原料。但是另一个瓶子里的空气为什么也是构成面包的原料之一呢?"

"确实,很难用简单的方法来证明这样一个事实。食物中含有三种物质,即碳、水和空气。这前两种我已经说过了,而最后一种——空气存在于食物中,只能请你们相信我了。"

"那是当然可以相信的。不过此外你应该还要和我们讲些什么吧?"

"你们先不要性急,听我讲下去就知道了。面包是由碳、水和空气组成的,这三种物质结合之后,就可以改变它们本来的性质而成为另一种东西。黑色能够变成白色,无味可以变成有味,没有营养也能变成有营养的东西,这点你们已经相信了。

"肉类一旦受热,就可以告诉我们同样的事实:它放出含有水和空气的气体,于是变成了碳。因为得到的结果相同,对于其他食物,我们就不再研究了。所有那些我们吃的喝的东西,只要是能够滋养我们的,全部都能变成碳、水和空气。一切从动物体产生的食物和一切从植物体所产生的食物,基本上都是由碳、水和空气组成的。当然也有极少的例外。再让我们说得明白一些:碳是一种单质,只有一种元素,其中只含有碳;但是氢和氧组成了水,氮和氧基本上组成了空气。所以这四种元素——碳、氢、氧、氮,是形成植物界和动物界所有东西的最基本的原料。

"所以我那位朋友拿的三个瓶子是当真能够形成种种食物的东西。而一切的菜肴即使滋味不同,也都可以变成碳、水和空气。因此这几个小瓶子里所含有的东西，有着鸡鸭鱼肉和其他食物中的基本成分。然而，化学家是不能把这些基本成分并起来做成食物的，即使他们能让食物破坏之后变成基本成分。"

"那么你朋友口中所讲的大厨师是谁呢？"

"孩子，那就是植物了，特别是草。不管是多盛大的宴席，即使各种菜肴形状各异、滋味不同，但是它们的原料只有那三种。不管是山珍海味还是吃泥土的牡蛎；或是用根在地下摄取养料的松柏以及糕点上的一点霉菌——都要吸入同一原料，靠着碳、水和空气生活。仅仅它们的成分分配不一样罢了。其实，狼和人比较，食物都是一样的——从牛羊或者其他动物那里得到碳；而牛和羊或者其他动物的碳，是从草中得到的；那草呢？说到这里我们就明白了：不管是牛、羊、狼还是人，草是所有动物的食物供给者，它才是世上最伟大的厨师。

"无论是人还是狼，在动物的肌肉中都能找到碳、水和空气三者结合成的又精细又美味的食品。就像牛羊也可以在草中找到它们一样，区别仅仅是后者没有那么精细和美味而已。但是为什么使不食用什么现成食品的植物，能够成为牛羊的营养品，进而形成牛羊的肉呢？这些碳、水和空气中的元素，它们又是从哪里得到的呢？

"虽然，像人类和动物所食用的由碳、水和空气结合而成的食品，草并不食用，它却食用近乎天然的碳、空气和水。植物之所以能够消化碳元素又获取了水和空气，全凭它有一个奇特的胃，它把它们做成滋养品，来供给牛羊等动物需要的四大元素。经过摄取植物中的元素，牛羊又加工成自己的肌肉。最后，人或者狼食用了它们之后，它们又变成人或者狼身体的一部分。"

喻儿说："原来是这样子啊。人们用牛或者羊或其他食品来制造自身的肉，牛羊用草料来生产自己的肉，但是草却用碳和水以及空气中的元素直接地建造自己的身体。追根溯源，原来所有我们吃的食品，都是由植物最初制造的呀。"

"没错，能够担当这样重大工作的是植物，而且只有植物。人身体的原料是由吃植物或者其他动物得到的；牛和羊或者其他食草的动物用来构成身体的原料是从植物中得到的；然而植物却直接吃那些不能吃的碳、水和空气中含有的元素，只用一个巧妙的方法把它们都变成一种滋养品，它适应了动物的需要。所以归根结底，供给整个地球上的居民粮食的，就是植物了。倘若植物罢了工，那么动物不能直接获得碳、氧、氢、氮这些元素，就会饿死，牛羊得不到草料，就要饿死，狼没有羊肉而饿死，人什么食品也没有，也自然会饿死。"

爱弥儿说道："我明白啦。你朋友那三个瓶子里的东西能够直接被植物做成食品，所以它就是最伟大的厨师啦。"

"没错。再说，植物并不是通过吃来获得食料的，而是通过呼吸。它获取的碳，不是像我们平常看到的黑色粉末这样天然存在的这种碳，而是一种并不是固体的碳，它已经溶解于其他物质里。而氧是碳的溶媒，它把碳变成了二氧化碳，这就是植物的主要食品。"

"我们一旦吸入过多二氧化碳就闷死了，你却说它们是靠二氧化碳存活的？"

"没错，孩子，它们就是靠二氧化碳活命的。虽然我们吸多二氧化碳会闷死，它们却用二氧化碳制造着我们的食品。请你们记住：不管是人类呼气，还是所有物质燃烧，或者发酵抑或腐败，都会产生二氧化碳气体，它们混杂在大气里面。所以如果这种能够杀人的气体没有被随时聚集起来，那么地球，在几个世纪之后，肯定不能居住了，因为将充满二氧化碳。我们先看看统计的二氧化碳产生的总量吧。

"一个人，24小时内，可以呼出约450升（即约880克）重的二氧化碳。它们相当于240克已经燃烧的碳和从空气中夺取到的450升（约重640克）的分量。照这样的一个比例，若把全世界人类算作20亿，他们每年呼出的二氧化碳大概有3285亿立方米。即含有已燃的碳1752亿千克。如果用这么多碳堆起来，就能够堆成一座很高的山。这分量就是维持全世界人类体温所需的燃料。所以，我们人类每年要食用比这更多的碳，接着把它们随时变成二氧化碳呼出体外。这样子看来，不知道自从世界诞生以来，人类呼出的气体中的碳能堆成多少高山！

"除此之外，我们还有各种陆地和海洋动物要计算，它们呼出的二氧化碳分量也不少——因为它们的数目远比人类要多。每年，它们呼吸中所含有的碳，或许可以堆积成像勃朗峰那样大的一座山。想想，这些用来维持生命的碳的分量是多么巨大！而这样的气体堆积在大气中是多么危险的事！

"然而这个统计还没有结束。所有发酵物质都是二氧化碳的重要源泉。这里包括：酿酒的葡萄汁、焙面包的面粉，还有一切腐败的物质——如垃圾桶中的垃圾和田畦中的肥料。就算是均匀地铺在每一亩地中只有很淡薄的肥料，每天也能产生100立方米以上的二氧化碳。

"还有一些会产生二氧化碳并散于大气中的物质，像那些煤、木柴和木炭还有其他用来取暖或者烹饪的燃料，还有工厂中所需用于发动机械的大量煤油。试着想想，大的工厂中每天就有好多卡车的煤要消费，这样的工厂里从烟囱中散出的二氧化碳有多少？而那些从天然的烟囱——火山里面喷发出来的二氧化碳的分量就更不言而喻了。工厂与之相比简直微乎其微。

"这让人很惊奇，虽然地面上产生的二氧化碳的分量难以计数，但是无论现在或将来，动物却并不会闷死。大气就像处于一个随时在染毒又随时在消毒的过程中：一旦二氧化碳混入大气中，就立刻被拘禁起来。那是谁在担任着卫生警察的职责呢？孩子，这就是植物了，它通过吸收二氧化碳，一方面使我们不会呼吸到有毒的空气而避免闷死，另一方面，它把这些二氧化碳制造成食品。植物最喜欢腐败的物质，因为它们那奇异的胃。植物能把所有被死亡损毁的东西再重新建起来。

"当然，二氧化碳并非完全不存在于我们所呼吸的空气中，只不过所含分量不多，不会危及生命。这里有一个装着石灰水的盆子，我昨天刚刚倒出来时，它是完全清澈的，为什么现在它的表面有一层透明的薄膜了呢？如果你们用针尖刺它一下，它会破裂，就像一层薄薄的冰一样。它究竟是什么东西呢？答案是这样的：二氧化碳和石灰水相接触，就能够化合成碳酸石灰，而空气中的二氧化碳不多，所以与石灰水化合之后不会形成白色的粉末，仅仅形成透明的结晶薄膜。"

喻儿道："在泥水匠调和三合土的时候，我能看到溶有石灰的水的表面上有这种薄膜。最开始我觉得它是冰，后来确定它是另一种东西，是因为发现在太阳下它并不会融解。"

"和盆中的薄膜一样，它是碳酸石灰，都是空气中二氧化碳和溶解在水中的石灰化合而成的。既然你已经谈到了，我们继续说说泥水匠的三合土吧。这三合土是怎么形成的呢？首先，烧石灰的人在石灰窑中，把大量捣碎的石灰石用高热燃烧，驱逐出其中的二氧化碳。这就只剩下石灰。泥水匠把石灰和水调和成糊，再加上砂土，混合起来就形成了三合土。把它涂在砖石的隙缝中，用泥镘涂上，这样可以使得建筑物变得坚牢。三合土在做成的时候是糊状，所以很容易涂到空隙上，后来当有些湿气蒸发掉了之后，这些砂砾间出现了微小的孔，于是水里的石灰渐渐和空气中的二氧化碳相遇，结合起来形成石灰石，在墙壁上紧贴着并且不易脱落。

"就像我已经说过的那样，常常有二氧化碳存在于我们四周的空气中：那三合土变硬和石灰水上的薄膜，都是可以相信的证据。但是在大气中，二氧化碳分量不多。化学家为了知道空气中的二氧化碳数量，用精密的实验测算，得到一个结果：在2000升的空气中至多只有1升的二氧化碳。但是，那大量的随时散发到空气中的二氧化碳去哪儿了呢？它的去处便是植物了，植物随时把它当作食品吸收掉了。

"植物的叶子表面有许多被称为叶孔的细孔，它们整齐地排列着，数目很多。一片叶子上，算起来有10亿个以上的细孔。然而它生得非常小，不借用显微镜是肉眼不可见的。这些叶孔就像植物的小嘴，植物利用它们来吸入二氧化碳，它吸入的空气就不是单纯的空气，而仅仅是二氧化碳。对于动物来说，二氧化碳有害；而对于植物，却是有益的。由于受太阳光的刺激，植物把二氧化碳由气孔吸入叶肉，然后开始它的工作——它把二氧化碳所含的碳和水制造成某种化合物，却把不需要的氧驱赶出来。简单说来就是把二氧化碳分解成碳和氧来获取其中的碳。

"如果要分离因为燃烧或者氧化而化合成的两种物质，这是不怎么容易的。要解开二氧化碳中碳和氧的结合，就算是化学家也要使用极有效的药品和极复杂的方法还有极完备的器械才能做到。而植物却能毫不费力，只靠叶子借助阳光很快完成。

"如果没有太阳光，植物就无法消化它食用的二氧化碳。这样，它就会变得饥饿，茎叶中，那使它显得健康的绿色就会消失，慢慢地它会枯死。这种在没有太阳光的情况下生病的状态，我们叫作'黄化'或者'漂白'。所以用一块瓦来盖在草上的话，只消几天，下面的草就会变成黄白色。有些菜农就用这个方法来使蔬菜柔嫩或者减少它们的臭味。

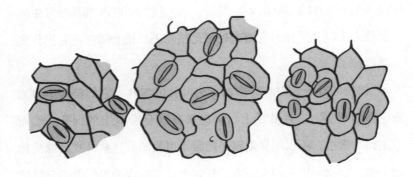

"另一方面，如果得到充足的阳光，植物就会去夺走二氧化碳里面的碳。氧挣脱了碳就可以从叶孔中跑出来和氮混合而形成大气，可供呼吸又可助燃。过一会儿，新鲜的碳又会被它带回来，把碳留在植物的'栈房'里后，又单枪匹马跑到大气中去和碳结合。就像蜜蜂一样。它从窠巢出发飞到田野，再从田野回到窠巢——往返无数次——出发，为的是寻找蜜汁；回来，为的是藏放蜜汁。氧气就像居住在植物窠巢里的蜜蜂一般，出去寻找碳——从动物的血液、燃烧的燃料和腐败的物质里——带回来之后藏在植物体内，然后又反反复复，出去寻找碳，如此循环不息。

"而那和氧气分离的碳，就留存植物中，和水结合形成某种化合物，变成了许多植物质：糖、树胶、油、淀粉、木纤维，等等。最后，它们可能会因为自己被腐败作用分解掉，也可能因为被动物食用而被营养作用分解掉。其中的碳又可以变成二氧化碳，回归大气中，供给其他的植物吸收。其他植物又重复作用，吸收二氧化碳之后制成食品供给动物食用。

"在面包中，可以重新出现曾经在柴薪中的碳，这我曾经说过。我也曾经说过，我们会吃可以变成柴薪的东西。你还记得吗，爱弥儿？"

爱弥儿说："当然记得。以前你说的时候，我们都是只知其然而不知其所以然，现在却不仅仅知其然，并且知道其所以然了。一根木柴中含有碳，它在炉膛中燃烧的时候，碳就和氧结合，变成二氧化碳并且散布在空气中。植物把它当成食品吸收进去，就使得其中的碳变成米麦或者变成牛羊食用的草。所以我们不仅可以得到饭、面包，还能得到牛羊肉这些食品。但是在散入空气中以后，木柴中的碳，可能还会回到木柴里面，再一次在炉膛里面燃烧。也有可能这样的循环过了好几回才变成我们的食品。这我们就不知道啦。"

"没错，孩子，碳的踪影我们无法追究。然而大体上说来，碳总是这样，它永远在大气和植物、动物中运动。从大气到植物，从植物到动物，又从动物到大气不断循环。就像公共的栈房一样，大气向所有生物供给着创造的材料。氧就像材料的输送者一般。动物在食用动物或者植物而得到碳之后，可以借助氧的作用把它们送还到大气中去。植物呢，却相反，可以把空气中的二氧化碳这种动物不能呼吸的气体食用了，再把里面的氧送回空气中，留着碳来制造人或者动物的食品。这样一来，动物和植物互相依靠、相互提供对方需要的气体来饲养对方。"

听着这些奇异的物质变化，喻儿非常感动地说："这一课，在你所讲的所有化学课程里面，是最为奇特的了。你最开始说到厨师的鼻子因为你朋友的三个瓶子变色的时候，我还以为你在开玩笑呢，却未曾想到这会是一个又有趣又严肃的故事。"

"是呀孩子，这确实是又有趣又严肃的故事。这种存在于动物和植物之间的协调生活是这么美丽，我觉得你们一定要了解它，尽管它可能对于小小年纪的你们来说太过严肃。

"现在，把这严肃的说明搬开吧，我们来做一个实验。怎么证明植物会驱逐出二氧化碳里的氧呢？我想，最简单的还是把这个操作放在水底吧。这样我们可以观察到氧是怎么释放的，也能够把它们收集起来。把植物浸在水里，我们甚至不需要特别供给二氧化碳，因为水中——无论是从泥土中还是大气中得来——往往溶解着一部分二氧化碳。

"我们把容器盛上一些普通的水，再浸入刚摘下的几片完整的叶子——最好用水生植物的叶子——因为它们能使实验完成得比较快，而它们在熟悉的环境中工作得比较久。用一个玻璃漏斗罩住这叶子，把盛了水倒置过来的玻璃筒或者小个的玻璃瓶倒置在漏斗柄上，放在太阳光下晒。不一会儿，就会看到无数的细泡在叶子表面产生，慢慢升起来到玻璃筒的底部形成一个气层。由实验知道，它能够使一支带火星的小火柴复燃，可见是氧气。由此我们知道，叶子已经能把溶解于水里的二氧化碳分解开来，留下碳而驱逐氧。

"如果抛开在实验室里面的特别实验，在植物的实际生活上，我们也可以得到简易的证明。来到屋后的池子边，我们可以看到，在静水里，许多蝌蚪生活着：有在水滩晒太阳的，也有在深水中游

泳的。这样的池子里，还
有各种蠕动的软体动物，
各种觅食的小鱼，还有其
他的水生动物，比如贝
蛤、虾和鳗，等等。

"这些小动物无论哪
一种都是需要呼吸氧气
的，这些氧气来自溶解在
水中的氧。如果这种用以
维持生命的气体缺少了，

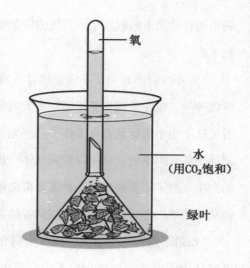

氧

水
（用CO_2饱和）

绿叶

小动物们都会闷死。更危险的是，池底有那么多污浊的泥土，它们
是由腐败的像落叶、枯枝、动物的排泄物这样的垃圾堆叠起来的东
西——它们都常常释放着二氧化碳。这气体对人和对这些鱼虾和贝
类都是一样的作用，多了会使得它们窒息。怎么清除这些二氧化
碳？而氧气又是怎么来的呢？

"这都得归功于生存在池中的植物，它们担任着卫生工作。在
阳光的刺激下，它们吸收着溶解在水中的二氧化碳，释放出二氧化
碳中的氧气。这样的化合作用使植物进行工作，植物又维持着动
物的生存。在死水里，各种植物努力工作，丝藻是最为努力的一
种……它是一种柔嫩的丝状植物，在水底的石子上缠络成绒毡的形
状。如果把它们放在盛水的瓶子里，曝晒着太阳光，就可以发现有
无数的小气泡嵌在这植物的丝状体的网眼间。这些，便是从二氧化

碳里面释放出来的氧气了。当气泡聚集得更多的时候，它们会上浮到水面。

　　"另外我们还有一个不需要用什么特别工具的实验。摘下水生植物的一支放在玻璃杯子里面，在太阳光下晒着，很快我们便可以看见这个小小的制氧者在工作了。当光合作用迅速进行的时候，再把杯子移到阴凉处，又可以看到气体停止释放。再移回来，它又开始产生气泡了。看来这是一种需要借助阳光的奇异作用呀。这个实验非常简单，也非常明白，希望留着给你们实验。

　　"知道了这样一个事实，即在太阳光下水生植物能制氧，你们可以从中明白，水生植物在水中所完成的卫生工作，就像在陆地上，陆生植物能够净化大气的工作一样。只要受了太阳光的作用，所有在水中生长的绿色植物都能够释放出含有氧气的气泡。这些气泡中的氧溶解在水里就可以让水里的生物存活。所以不管是什么样不流动的水，只要有绿色植物生活在其中，就不会变浊，并且能维持各种在其中生长的动物的生命。

"由以上所说的，你们可以得到一点知识，这对于你们来说或许很有用。你们不是常常在杯子里养金鱼，可是却总是失败吗？杯子里的水需要天天换，倘若有一天忘记换水，它们就会死亡，这是什么缘故呢？正是因为水中的氧气已经被它们用光，不足以呼吸了。所以，以后你们要养金鱼的话，不妨在其中放入一些丝藻。这样一来，植物可以给鱼供氧，而鱼可以把二氧化碳送给植物使用，这不是互相帮助吗？就算在不清洁的水里，它们也都能生活了。所以，请不要忘记让一些水生植物同伴来陪伴小动物，这样你们的小动物才不会死亡。"

名师点评

　　地球上的动植物生存、新陈代谢都需要能量支持，而这些能量都来自植物的光合作用。植物通过光合作用，帮助包括它们自己在内的几乎所有生命体，从太阳光中摄取能量，用以支撑生命运行和机体成长。植物利用体内的叶绿体和叶绿素，可以把空气中的二氧化碳和水转化为糖类和氧气：$6CO_2+6H_2O=C_6H_{12}O_6+6O_2$。这是一个非常有意义的变废为宝的工作。动物在呼吸过程中，会吸入氧气，消耗糖类，生成二氧化碳，如果这些二氧化碳没有处理，最后会越攒越多，危及动物们的生存。植物巧妙利用叶绿素把我们不需要的废物又变成我们需要的有机物糖类，并且重新把太阳能转化为化学能藏在了其中。这个过程中不仅完成了能量的迁移和转化，也完成了一次次自然界碳循环的壮举。植物光合作用，吸收二氧化碳，转变为糖类，被动物摄入，或者变成木炭被燃烧，转化为二氧化碳呼出回到大气间，植物们作为地球上的清道夫和生产者，为自然界的有序运行做出了不可磨灭的贡献。

硫

第二十三章

硫黄在氧气中燃烧，就会发出美丽的蓝色火焰，但是同时也会有一种异臭的气体产生，人们吸入则要咳嗽，这种气体就是亚硫酐或者二氧化硫，溶于水后，溶液称为亚硫酸。在我们之前的实验中已经说明过了。硫黄在通常的空气中燃烧得比较缓慢，相应地带有较暗淡的火焰，不过结果也会产生二氧化硫。

　　"硫黄，不用详细讲解，是你们很熟悉的一种物质。它大多由火山附近出产，往往在地下大块地埋藏着，有时纯粹，而有时不纯粹。那些不纯粹的硫黄有泥土和石子这类杂质，需要想办法除掉。

　　"硫黄在氧气中燃烧，就会发出美丽的蓝色火焰，但是同时也会有一种异臭的气体产生，人们吸入则要咳嗽，这种气体就是亚硫酐或者二氧化硫，溶于水后，溶液称为亚硫酸。在我们之前的实验中已经说明过了。硫黄在通常的空气中燃烧得比较缓慢，相应地带有较暗淡的火焰，不过结果也会产生二氧化硫。在燃烧硫黄的地方或者摩擦安全火柴时，如果靠近它，我们会闻到让我们咳呛的气体，即二氧化硫。而今天的功课就是要回答，二氧化硫有什么用处。我们先到园子里去采一些紫罗兰和蔷薇花来。"

不久，他们就采来了紫罗兰和蔷薇花。保罗叔叔把少许的硫放在一块砖上，点上火，把一束打湿了的紫罗兰放在火焰边上熏。受到二氧化硫气体的作用，紫罗兰顷刻间褪色变白，这让爱弥儿不由得感到惊异。

注视着保罗叔叔的操作，爱弥儿高声地说："哇，多么有趣呀！你看，它们在烟雾中马上变成白色了。有的起初半白半蓝，但是随着蓝色渐渐退去，终于全体变成白色。"

保罗叔叔继续说道："现在我们再来试试蔷薇花吧。"

说着，一束打湿的蔷薇花又被他放在燃烧的硫的火焰上，红色不久就退去，也终于变成白色了。喻儿和爱弥儿觉得这个简单的实验非常有趣，也想自己动手做。

保罗叔叔说："够了。"他把被漂白的紫罗兰和蔷薇花交给那两个孩子，让他们自己在有空暇的时候去实验。"刚才我们所做的实验，你们可以用别的——特别是红的和蓝的花——照样去做；只要是有色的花，打湿之后放在二氧化硫气体中都会变成白色。由此可知：硫燃烧时，产生有蒜臭味的气体具有漂白的特性。

"硫的这种特性有很多种用途，甚至在家庭中也可以应用。就让我们用最简单的应用来说。这儿有一块棉布，用一些樱桃汁染在这块布上，现在要除去这些污迹。这个污迹用肥皂水洗不掉，而当它放在燃烧硫黄时产生的二氧化硫上时，这污迹能够很快完全被除去。由于花和果汁中的颜色都是植物色质，它既然可以漂白各种花，自然也能漂白樱桃汁。在布上有污迹的地方，我洒上一些水，拿到燃烧着的硫黄上面。我拿来一个纸漏斗倒盖在硫黄上，当作一个烟囱，而烟从漏斗出口冒出，对准污迹。这样燃硫就可以直接射在要漂白的地方。等一小会儿，那染上的红色痕迹就褪色了，就像紫罗兰和蔷薇花的实验一样。只要现在我们把它被漂白的部分放在清水里洗干净，那个污迹就消失了。只要是不容易洗掉的酒渍，还有一切被葡萄、樱桃、杨梅和桃子等水果污染的东西，都可以采用这个方法来漂白。

"我们再来学习一种更奇妙的应用。很多丝织品和毛织品，天然颜色都不是很白净的，只有先将原料漂白，才能让它们染色后显出鲜明的颜色。除此之外，无论是制草帽的麦秆，还是制手套的皮革，在制造前都得加以漂白。要让丝、毛、麦秆、皮革等漂白，就可以用漂白多种颜色的花一样的方法。

"硫黄的用途还有不少，其中有的会让你们觉得奇怪，它还有灭火的功能。没错，孩子，硫黄虽然自己容易燃烧，但是它确实能够让火焰熄灭。"

喻儿反问："硫黄不是一种很好的燃料吗？加了燃料在火上怎么会灭火呢？这个问题我就不明白了。"

"马上你就会明白。只有具备两个必需的条件——一是燃料，二是空气——才能让燃烧继续。它们两者同样重要，缺一不可。来想象一场面积很大的火灾，如果它的空气供给被切断了，火不就会被很快熄灭了吗？再设想一下，如果有一种像二氧化碳或者氮这样不能燃烧的气体，我们用来代替它的空气供给，不是会让它立刻停止燃烧吗？"

"哦，我明白啦。如果我们把一些纯粹的二氧化碳或者氮倾注在火焰上，那因为助燃的空气被不可燃的气体赶走了，这种气体笼罩着起火物质，火焰就马上熄灭了。但是要在火上倾注二氧化碳却似乎不太可能。"

"不过那也不一定。在户外，这样的工作固然是不容易做的，但是如果在像烟囱管里的这种地方，却并不困难。在狭小的孔道中，火被围住，空气只有从上或下方进入，特别是下方。要把不可燃的气体代替原本的空气供给，在这种情况下是非常简单的事。假如有一个烟囱着火了，要用最快而又最简单的方法来使这火熄灭，就一定得求助于硫黄了。其实用来灭火的话，只要是不助燃烧又不能自燃的气体都是好用的，然而它必须在不需要任何设备的情况下生成得又快又多。因为生成作用迟缓又需要特殊的设备，氮和二氧化碳在此是不管用的。所以我们要用到二氧化硫，只须把一把硫黄撒在烟囱底下的灶膛中的柴火上，立刻就会有大量的二氧化硫生成，而其他任何气体都不能像二氧化硫生成得这么容易、快速而又丰富。当在灶膛中撒完硫黄后，再把灶膛的开口用湿布遮住，那么所生成的二氧化硫升入了烟囱后，替代了空气，就能使它灭火的任务得以完成。"

爱弥儿说："虽然硫能够灭火是事实，骤然听到的话还是觉得有些奇怪。我可从不曾想到竟然会有这样的事存在世界上。"

"还有，这种气体有另外一种用途。那就是杀菌、杀虫以及消毒的作用。举例来说，比如有一些寄生虫，它们可以寄居在人体的各个部分，种类非常多：在体外寄居的有蚤虱和臭虫等，而在体内寄居的有蛔虫、绦虫这些。有一种寄生虫称为疥虫，它能寄居在我们的皮肤中，就像鼹鼠在田野里打地洞一样，在我们皮肤里制造着小小的隧道。这种小隧道在皮肤表面看来是一种小疹，使人感到非常痒。这就是疥癣的源头。"

喻儿问道："你说是因为皮肤中寄生着疥虫，引起了疥癣吗？"

"是的，这是一种极其容易传染的皮肤病。只要一个不患疥癣的人和一个患疥癣的人一接触就可能感染。"

"那这可怕的令人发痒的疥虫是什么样子的呢？"

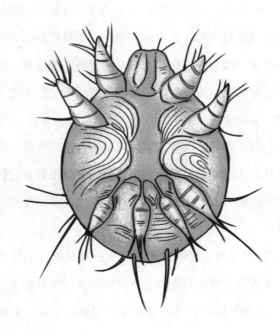

"它就如一点极小的微尘一般大小，除非目力敏锐，否则是看不见的。它像一只小乌龟一般，有圆形的身体。它有八条腿，前面两对，后面两对，腿上生长着尖硬的毛。在行走的时候它伸着八条腿；休息的时候却把腿都蜷缩在拱形的身体下面，那样子就如乌龟把腿缩进甲壳里一般。它的嘴上有尖钩、细刺，方便它在皮肤中打洞，并筑起长长的隧道，便于它自由往来，就像鼹鼠在泥土中一样。"

喻儿道："叔叔，我让你说得浑身都痒起来了，请别再说这种话了吧！"

"那应该如何驱除这种寄生虫呢？我们看不见它，而它又潜伏在皮肤里面。要把它们一个个捉起来可是不可能的。一方面它身体太小，肉眼都不容易看见；另一方面它繁殖得非常快，成千上万地生产着，不可能捉尽。这样看来，服用内服药是没有用的。因此只有一种方法才能医治这种病，就是把皮肤中的疥虫完全地杀死。然而，它隐藏得那么深，我们又怎么去杀死它呢？这就是问题所在。我们知道，就算是疥虫这样的微小生物也是需要呼吸空气的，所以二氧化硫气体可以用来充满那些疥虫所开凿和隐藏的隧道。如果使用适当，这样的蒸气消毒法可以使疥虫一次吸入大量二氧化硫气体，便可以把它们完全杀死了。毕竟二氧化硫是一种非常强烈的气体，我们平常擦火柴时闻到少量的气体就已经感觉到难受了。

"通常状况下，硫黄燃烧时所产生的唯一的气体就是二氧化硫，这个事实我们已经亲眼见过了。而我现在却要告诉你们，除了二氧化硫，硫还能产生含氧更多的氧化物，叫作三氧化硫。三氧化硫可以溶解在水中，和水化合后，就形成了一种强酸，这种酸就是我们用来制氢的硫酸。通常，我们在燃烧硫黄的时候，无论供给氧的分量多少，所得的气体总是二氧化硫。那么，又要怎么样才能形成三氧化硫呢？正如化学告诉我们的那样：在通常状况下，二氧化硫和氧是无法直接化合成为三氧化硫的，但是这个作用在这种混合气体通过烧热的铂粉时可以进行。像铂粉这样一种自己并不参与其中，却能促进其他物质发生化学作用的物质，我们称为'催化剂'，催化剂能够使化学作用很快地进行。之前我们制氧时是用了氯酸钾，不是加入二氧化锰才让氯酸钾迅速分解的吗？其中的二氧化锰也是一种催化剂。

"把用上述方法制成的三氧化硫导入到水中，就形成了硫酸，这叫接触法，也是制造硫酸的一种方法。另外，要制造硫酸还有另外一种叫铅室法的方法。我们知道，化合物中有许多物质含氧很多，但是所含的氧却和它们结合得不牢固，要把其中的氧释放出来有时候只要略微加热就可以了。所以在炭火上的氯酸钾可以产生氧。有些含氧的物质可以把它所含的一部分氧送给那些不含氧或者含氧少的物质，就像硝酸。硝酸在氧化不含氧或者含氧不多的物质的时候作用非常大。所以就算是硝酸和二氧化硫反应，二氧化硫就会夺取硝酸中的氧而形成三氧化硫，三氧化硫碰到水蒸气就会变成硫酸。无数工厂的烟囱中喷着的黑烟，因为它们许多都从事制造硫酸，而硫酸在工业上不可或缺。二氧化硫是由燃烧含硫的黄铁矿得来，它和由硫酸和硝石作用而形成硝酸蒸气及水分蒸发形成的水蒸气，一起导入一间像屋子一般的大铅室中，硝酸在其中把氧给了二氧化硫，使它可以和水蒸气化合成硫酸。

"硫酸比水约重两倍，它是一种油状液体。硫酸常常混有杂质，所以常见的是略带棕色的，而纯粹的却是无色的。我们制氢时能感觉到瓶子的热，一部分是因为浓硫酸遇水时产生的高热。如今，我们可以再用一个实验来证实这个事实。

"这个杯子里盛有少许的水，我把一些硫酸小心地注下去，同时把它搅匀。于是这混合物就变得很热。当我们的手试着摸到杯壁上的时候，立刻就可以感觉到。对于水，硫酸的吸收能力很强。这个事实可以由下面的实验证明。一个盛有少许浓硫酸的杯子在空气中放置几天之后，杯子里面的液体增加了一倍。体积增加是什么原因呢？由于大量的湿气从四周的大气中被吸收了。而吸水之后硫酸的酸性也减弱了。所以为了保持它的强酸性，通常硫酸被置于有密合瓶塞的瓶子里。

"对于水的吸收力，是硫酸最显著的一种性质。不管是动物还是植物，大都是由碳和水（氢、氧）化合而成的。如果任何动物质或植物质遇到了浓硫酸，那么它们很容易被夺取水分而只留下碳，就像被烧过的一样。对于一切动物质和植物质，一旦受到硫酸作用，就被碳化，也就意味着变成了碳。拿一种植物质，比如一根火柴杆，放在浓硫酸中浸几分钟，就可以发现它已经变成黑色，被硫酸吸去水分变成了碳，即木炭。

"现在，我来做一个有趣的实验，将一滴硫酸注入一小匙的水里。虽然看上去，这液体还像纯水，其实却有非常强的味道，就像柠檬汁一样。现在，这无色的液体就要被我用来代替墨水。考虑到毛笔和铅笔都会被硫酸碳化，我选择用鹅毛管来做一支笔。用普通的白纸来写，不用其他的特别工具。你们瞧着。"

从爱弥儿的作业本上，保罗叔叔撕下一张白纸，用鹅毛笔蘸了一些浓硫酸和水的混合液，然后在纸上写出几个字，湿气干了之后，纸上仍像用水写过一样一无所有。

纸被保罗叔叔递给了两个孩子，他说："你们能读出我用化学墨水在这纸上写的是什么字吗？"

孩子接过这张纸，在太阳光下非常仔细地去观察检视，尽管翻来覆去却仍一无所获，甚至连笔迹都不留一点痕迹。

爱弥儿说："我什么东西都没看到，因为你的墨水没有颜色，如果我没看见你曾经在这纸上写字，我会认为这白纸上并没有写过字。"

保罗叔叔却说："我可以想法子让这几个看不到的字显形。只要把它在火上烘烤一下，这奇异的变化就会呈现在你们眼前啦。"

像变魔术一样，那张纸一放到火上，黑色的字果然一个个在白纸上显现出来了。有的字显现得非常快，而另外几个却是随着纸的移动，先出现了一半，然后渐渐地在白纸上读出完全的句子："被硫酸所碳化。"

爱弥儿注视着一个个显现出来的黑字，惊异地说："真奇怪！

请你把魔术墨水借给我吧，叔叔，我要把它拿给我的一个朋友看。"

"你要的话便拿去吧。因为它掺着许多的水，所以这酸已经没有太大的危险，即便沾在手上也不要紧。这种无色墨水怎么能写出黑字来呢？现在我要解释它的理由。纸是用破布、竹、木、稻草等植物质的原料制成的，因此含有碳、氢、氧三种元素。纸受热之后，无色墨水中的微量硫酸带走了其中的氢和氧，又把它们变成自己喜欢的水，只剩下碳素还留在纸上，所以纸上显现出黑色的字迹，这就是无色墨水写出黑字的秘密。

"我认为，从这一个实验，就已经足够让你们明白硫酸是一种多么危险的物质，它能将所有动植物质变成木炭，它不仅是一种猛烈的酸，甚至还是一团猛烈的火。因此，我们在使用它的时候必须分外小心。因为只要衣服上沾到很小的一滴，就可以出现一个小的焦黄色的点，最后就被腐蚀成小孔。如果皮肤沾到一滴硫酸之后立刻用水洗去，那么它不会有太大的伤害；但如果被侵蚀久了，就会引起火伤一样的灼痛。

"虽然硫酸是一种非常危险的物质，工业上它却用途颇多。那些纺织厂、鞣革厂、造纸厂，还有玻璃、肥皂、蜡烛、染料这些日用品的制造，硫酸都是不可或缺的。依我的意思，并不是在一尺布、一块肥皂或者一张纸的组成中含有硫酸，而是在这个制造过程中，硫酸都是必须要用到的。它是一种最有力的工具，制造上的必需品，没有了它，太多制造品都不能完成。

"以玻璃为例。玻璃是用熔解的砂和俗称苏打的碳酸钠来制造的。砂的供给不成问题，因为它是天然出产的物质。但是怎么制造碳酸钠呢？它是用硫酸钠制造的，而硫酸钠却又由食盐和硫酸作用形成。所以，玻璃本身虽然不含硫酸，却是不能没有硫酸的。否则，食盐中的钠，就不能合成碳酸钠，而玻璃如果没有碳酸钠，就无从制造了。另外，肥皂工业的制造也是需要硫酸的，这和玻璃相同。肥皂中有大量的钠。煤可以用来燃火炉、产生蒸汽、转动机器，而硫酸用来参加种种重要的化学变化——正是这两种因素，最有力地推动了现代制造工业的发展。"

名师点评

　　硫在空气中或氧气中燃烧，硫元素与氧化物化合，会生成氧化物二氧化硫，二氧化硫是一种酸酐，与水反应会生成亚硫酸。二氧化硫是一种具有刺激性气味的无色气体，它还有一个重要的超能力，就是能让有些有色物质漂白。它通入品红溶液可以让品红溶液褪色，泡入到棉、麻、丝、毛、麦秆或皮革中能让这些原料漂白。二氧化硫密度比空气大，也不助燃，因此烟囱灭火的时候，可以在火苗上撒一些硫粉，硫粉燃烧生成的二氧化硫会因为密度较大，沉积在可燃物表面，阻止燃烧进一步进行。二氧化硫还有一个重要的性质是杀菌消毒，葡萄酒产商在灌装葡萄酒的时候，会往瓶中添加微量的二氧化硫，以起到抑菌消毒的作用。不过这种特殊抑菌剂添加的剂量一定要符合国家相应的食品安全标准，否则会对饮用者造成误伤。二氧化硫还可以用来杀灭一些常见的寄生虫，如疥虫、绦虫等，通过熏杀可以起到很好的消除效果。

　　硫元素与氧元素可以组成另一种氧化物三氧化硫，它也是一种酸酐，更是工业制硫酸的重要原料，在溶于水时与水反应生成硫酸：$SO_3+H_2O=H_2SO_4$。三氧化硫可以由二氧化硫制备得到，在贵金属铂的催化和加热条件下，二氧化硫和氧气可以进一步反应生成三氧化硫。硫酸工业中，一般先用硫粉或黄铁矿在空气中燃烧制备二氧化硫，再把二氧化硫催化氧化成三氧化硫，接着三氧化硫与水化合就得到了硫酸。当然，如果用硝酸之类有氧化性的物质与二氧化硫反应，也可以直接制取硫酸。

硫酸是一种酸性很强的酸，它是无色无味的黏稠状液体，密度大约是水的两倍，有很强的腐蚀性。浓硫酸也有很强的吸水性，不能敞口放置。敞口放置的浓硫酸会大量吸收空气中的水蒸气，久而久之浓硫酸就会越来越稀，最终变为稀硫酸。硫酸可以与水以任意比互溶，换句话说它可以被稀释到任何浓度。但是稀释浓硫酸也有讲究，要特别注意操作的正确性：因为浓硫酸与水混合会释放出大量的热，且水的沸点低、密度小，因此如果是往浓硫酸中加水进行稀释，那么稀释放出的大量热量就会使水迅速沸腾，瞬间带动硫酸到处飞溅，可能对操作者造成伤害，具有极高危险性。所以稀释浓硫酸一般都是把浓硫酸沿着烧杯壁缓慢倒入烧杯中，同时用玻璃棒不断搅拌，使得溶液体系产生的热量慢慢散发，避免液滴飞溅造成伤害。浓硫酸的腐蚀性主要是因为它强大的脱水性。纸张、木棍和人体皮肤等一切有机介质，遇到浓硫酸的时候，其中的氢元素和氧元素就会被以2：1的比例强行转化为水分子抽走，最后只留下碳元素。如：葡萄糖 $C_{12}H_{22}O_{11}$ 在浓硫酸作用下会变成12个C和11个 H_2O，生成的水瞬间被吸走，最后只剩下黑乎乎的碳了。浓硫酸这种基于脱水性的腐蚀过程也称为炭化过程。

什么元素组成了水呢？是氢和氧这两种元素。我们在去铁匠铺参观以后，就发现铁是能够分解水的，水中的氧被夺去后，氢就被释放了出来。其他的物质，钠、钾，尤其是组成石灰的钙，它们和铁是一样的，能够夺取水中的氧并把水给分解掉。

"食盐这种东西，我们已经提到过好几次了，我以前给你们说过，一种叫钠的金属元素和一种叫氯的非金属元素组成了它，按照化学语法，我们应该把食盐叫作氯化钠。"

爱弥儿认为他听说过这种元素，他满怀疑惑地问道："给我们看看这些钠吧，这样我们才可以知道它的性状。"

"孩子，不是这样的。只有在药房里才有钠卖，但是它的价格非常高，我手头上暂时没有，所以，我们只好简单描述一下它的性状。有这样一种物质，你们可以想象一下：它有像铅的新切面一样的光泽；而它的硬度非常低，手指轻轻一压就会扁了。我们可以像蜡一样把它做成种种形状。把一片钠放在水面上，它就可以着火，就像一个火球在水面上转来转去。钾是在草灰中的一种元素，它的性质和钠是一样的，但是更加强烈。这样一来，我们就可以明白为什么这两种元素遇到水就会燃烧的原因了。

"什么元素组成了水呢？是氢和氧这两种元素。我们在去铁匠铺参观以后，就发现铁是能够分解水的，水中的氧被夺去后，氢就被释放了出来。其他的物质，钠、钾，尤其是组成石灰的钙，它们和铁是一样的，能够夺取水中的氧并把水给分解掉。与此同时，氢被释放了出来。和氧起的作用相比，钠比铁更加厉害，并且不用加热。这种金属和氧化合的时候，发生很高的热，使水中释放出来的氢着火燃烧：这就是浮在水面的钠会像火球一般旋转的缘由。等到火焰熄灭以后，钠已完全和氧化合成为氧化钠而溶解在水中，不留丝毫的痕迹。水因为溶解有氧化钠，总是带着一股味道，有着碱水一样的味道。另外一点就是，红色的石蕊试纸在它的存在下会变成蓝色。

"把食盐中的钠拿出来给你们看，我做不到，但是我可以拿食盐中的另一种元素给你们看，这种元素就是氯元素，这种元素的重要性绝对不亚于钠。为了从食盐中得到氯，可以把硫酸缓缓注入食盐和二氧化锰的混合物中，之后慢慢给它加热。

"和制氧的装置一样，做这个操作也是要这样的装置。我会把等量的食盐和二氧化锰放入烧瓶中，再放入一些硫酸，均匀地把它们搅拌好。在这之后，我会把瓶口的曲口玻璃管插好，把烧瓶放在炭火上徐徐地加热，不久就有气体状态的氯从混合物中产生。氯气的重量比空气重，这就是之所以我们可以用捕获二氧化碳的方法来收集氯气的原因，这样说来，我们可以把广口瓶的底边直接通到烧瓶瓶口的玻璃管上，再到水底下去收集它是没有必要的。

"我们已经见过好几种不可见没有颜色的气体。这些气体有空气、氢气、氧气、氮气、二氧化碳和一氧化碳，等等，我们都没办法用眼睛看到它们。如果你因为这些就天真地认为所有的气体都是这样的，那么你就错了，现在，所讲的氯气就是一种看得见的黄绿色的气体，这就是它俗名叫作绿气的原因。

"氯气因为这种淡淡的颜色，而且比空气重，它们在底部慢慢聚集起来。快看这里！聚集在瓶底的绿色气体，就是我们所说的氯。慢慢来，再等几分钟，瓶口就会有气体汇集，这样之后，氯气就充满了集气瓶。"

等到绿色的气体充满了集气瓶之后，一片玻璃就被保罗叔叔拿了过来，他把它盖在了瓶口。氯不适合呼吸，有一股难闻的气味。

保罗叔叔说："我以前就提到过二硫化碳能把蓝色的花漂白成白色，这样说的话，你们说二氧化硫能把蓝墨水也漂白成白墨水吗？"孩子们都说不知道。

保罗叔叔说："不行，二氧化硫的漂白性非常弱，它的能力不够。而氯气能，它作为漂白剂，它的漂白能力比二氧化硫要大得多，正因为这样，它在工业上有很重要的用途。不过，还是存在很多种东西，并不能被氯气漂白，接下来的实验就可以证明这个事实。我一会儿会撕下一张没有用过的旧报纸，接着用蓝墨水写上几个字，等到字迹干了以后，我会把这张纸打湿了以后放到盛放有氯气的瓶子当中，我先前写的字就像被变魔术一样消失，但与此同时，那张纸上印刷着的字，仍然保持着黑色。"

喻儿疑惑地问道："氯气能够把手写的字漂白了，而拿印刷的字没有办法，这其中的原因是什么呢？"

"原因是这样的：油墨是用不同的原料来制成的。印刷用油墨的原料是油烟（或称烟墨）和蓖麻子油。油烟是燃烧油类时所生的烟炱，是碳的一种变形，极难氧化（即和氧相化合）。氯之所以有漂白作用，是因为它先夺取了水分中的氢——这就是必须将漂白的物品先行打湿的理由——而使放出的氧和颜料化合成一种无色的化合物的缘故。油烟因为极难氧化，所以和氧不发生作用，而仍为油烟，因此得以保存原先的黑色。钢笔用的墨水却和油烟不同，它有好几种成分，我们经常拿硫酸亚铁和没食子酸来做这种东西，没食子酸能够被氧化，接着变成无色的化合物，就这样它的颜色马上会消失。

"氯气被广泛应用在造纸和纺织工业上。因为氯气的功劳，我们能够在洁白的纸上写字，能够穿上洁白的布匹制作的衣服。但是为了制作氯，我们必须把食盐当作原材料，把硫酸当作工具，根据这个事实，我们又一次明白上次所说的氯气对于硫酸工业的重要性了。

"为了除去苎麻和大麻自身带着的略微的红色，我们必须进行很多次的洗涤工作：这就是为什么粗制麻布越洗越白的原因。在最先前的时候，麻布的漂洗都是利用太阳光的，具体操作是把麻布平铺在草地上，在白天它能接受太阳光照，夜间它能经受雨露的润泽，这样之后的一两个礼拜，它们的颜色就慢慢褪去了。

"这样做有一大缺点，就是要花很长的时间，而且还需要很大的土地，所以费用很高。这样的话，就要求在近代的工业漂白棉麻织物的时候，使用的是比太阳更加强有力的漂白剂，这种漂白剂的名字叫作氯。我们早已经看过氯气作用于蓝墨水的效果情况。既然气体能够这么迅速地漂白蓝墨水那样的深蓝色，那么让它去漂白浅红色的棉麻织物，自然是非常简单容易的。"

喻儿回答说："氯气也可以用来漂白毛织品和丝织品，用氯气比用二氧化硫来漂白要快许多。"

保罗叔叔说："不行不行，氯气的作用太过猛烈了，用氯气的话会把毛和丝毁坏得像泥浆一般。"

"如果这样的话，那么棉和麻为什么没有像它们一样被腐烂成那个样子呢？"

"造成棉麻等织品的原料乃是一种化合物，叫作植物性纤维，造成毛丝等织品的原料乃是另一种化合物，叫作动物性纤维，两者的化学性质是截然不同的。氯只能使植物性纤维所附着的色质变为无色物质，而不能破坏植物性纤维的本身。但是说到动物纤维呢，氯能做很多事：能够改变附着在上面的色质，动物本身的纤维也能够被破坏掉。

"氯被用在很多工厂里，为了方便，他们会把氯藏到石灰边上，为什么这样做呢？因为石灰有大量吸收氯气的性质。通过这种方法制成的化合物，是一种白色粉末。同样，和石灰一样，它的身上带有一种强烈的带刺激的臭味。我们给它取名叫作氯化石灰。在工业上它有另一个名字就叫作漂白粉，它的作用就是贮存氯。

"现在，我把氯在造纸工业上的用途告诉给你们。每当我们写字的时候，肯定不会花时间去想，我们手中的白纸是经过什么样的工序制作而成的。好几千年以前，巴比伦和尼尼微的亚述人，用尖笔在未干燥的泥版上写字，然后放在窑中焙干，使所写的文字不易磨灭。一块笨重的泥版就是这样在有人要送信给他的朋友的时候被送来送去的。"

爱弥儿说："可是现在的邮递员每一次送信就有几十封，如果每一封信都像这样笨重，那么信件就会把他压得走不了路。"

保罗叔叔接着说道："比如说，他们如果要创作一部书来给以后的人读（例如关于当时重要事变的历史），那么这一部书就可把整个图书馆的书架统统塞满，每一块泥版代表全书的一页。若是用土版来写成现在印刷的书，所需的泥版简直可以造成一间屋子。由此可知，在这种远古的时代，因为书籍的笨重，就是在极大的图书馆里也藏不了多少书。这种泥版书曾有很少的残片流传下来，是有人在尼尼微和巴比伦的遗址上掘得的，而且很多人已经把这种残片上的文字意义给阐释翻译出来了。

"过了很久很久，同样是在东方的一个区域里，另外一个写字的方法出现了。人们把苇草削尖然后把它当成笔，用烟炱和醋调匀了当墨水，而用在太阳光里晒白了的羊骨来当纸。许多的羊骨被绳子串联在一起后就变成了一部书或者是一篇文章。

"尤其是在希腊和罗马这样的古代欧洲地区，文化极其发达，人们常用涂着薄层的蜡的木版，和一端尖锐一端扁平的刻笔用作写字的工具。这个笔的两端有着不同的作用，扁平的一端是用来擦去错别字的，而剩下的另一端用来书写。

"古代有各个民族，在这些民族中，埃及是最早发明草纸的。在那个时候，尼罗河的两岸，盛产着一种苇草，英名是papyrus。苇草的秆外有一层白色的很薄的皮，可以一条条剥下来。把这种长条的草皮在河水中浸透，然后一条条并排地排列起来，再在这上面横列着同样的一层草皮，压平后用槌子打结实了，就是一张可用以写字的草纸。在这里所用的笔也是削尖的苇秆，而在这个过程中用到的墨水就是用烟炱做成的液体。而papyrus经过一系列的转变之后就变成了paper这个单词，被后人广泛应用。

"我们不需要把草纸切成小小的有四角的方形，跟近代用的纸比较起来，那时候纸的长短取决于文字的长短。因此，一本草纸的书，它只有一张长条的纸，基于携带方便的考虑，它们被缠在一条木轴上面。比较一下我们现在看的书，现在的书是以一页一页翻开来看的，并且每一页的两边都印满了文字。跟我们现在书不一样的是，埃及人的书每一张上都只有一面，而且必须慢慢地打开来看。

第二十四章
氯

"中国人在造纸上的功劳是最大的。中国在古代是一个文化上很先进的国家，中国现在所能找得到的最早的文字是刻在龟甲和兽骨上的，叫作甲骨文，其时代应当在公元前一千多年。周朝的文字都写在竹片上，或用刀刻，或用漆书。各片用牛皮或丝绳联结在一处，叫作简。到了汉朝，人们用缣帛来制书，卷在木轴上，叫作卷。公元100年以前，即东汉时，蔡伦首先发明造纸的方法，那是用树皮、麻和破布等做原料的。9世纪时，阿拉伯人从中国学到了造纸的方法。但是欧洲人知道造纸，却已在13世纪了。约在公元1340年，法国建立了第一个造纸的工厂。现在你们所见到的洁白的纸，都是用木、竹、棉、麻或破布来造成的。现代的造纸方法是这样的，先将原料切细，然后加入适当的药品，一同煮沸，使其中的无用物质一律溶去，再用水洗涤，再放入装有回旋刀片的槽中切碎，即得到灰色的浆状物质，叫作纸浆。在这种技术还没被发现之前，人们还得很麻烦地先把纸浆漂白。这里提到的漂白剂，就是我们一直在讲的主角：含大量氯的漂白粉。

"但是为了制造出适于写字和印刷的纸，一定得让纸质变得不容易渗透。为了做到这一点，可以在纸浆中加入树胶和淀粉等物，这样造出的纸光洁密致，不易渗透。这种操作叫作上胶。纸浆经过漂白和上胶后，就可进行最后一步的操作。那就是把纸浆悬浮在水中，使之经过一层细金属网，这样纸浆中较粗的颗粒都留在网上，较细的颗粒都通过网眼。另一个在滚轴上转动的更细的金属网中承受了第一个网上卷过来的纸浆，滤去水分，变成一层纸质的薄膜。这种薄膜，也就是未干燥的纸，被转动的金属网送到一块很阔的毛布上，吸取一部分剩余的水分，又由这毛布带到几个相连的圆筒上。这种圆筒的中央是空的，可用水蒸气加热，使筒外的纸质逐渐干燥硬化。这已经干燥了的纸，此后又经过另一种圆筒，将纸面加压磨光，即得无限长的一条很宽的纸。在这个时候，把纸浆取出来，然后制造成长条的纸，这不需要花很长的时间。完成了这个操作以后，我们可以试着在最后的圆筒上的长条进行操作，把它们切成大小相当的一条条的纸条，这种纸条有着各种各样的用途。

"孩子们要记住，以后写字的时候要想一想：这纸之所以能够变成白色，原因是靠食盐中氯的力量把它漂白的。"

名师点评

　　盐酸之所以称为盐酸，是因为它与食盐含有相同的元素——氯元素。海水中含有大量的食盐，工业可以利用食盐来制取盐酸，把浓硫酸加入食盐（NaCl）固体中，加热就可以使得氯化氢（HCl）逸出：$H_2SO_4+2NaCl=Na_2SO_4+2HCl$。再把氯化氢气体溶于水，得到的水溶液就是盐酸。

　　把浓盐酸和二氧化锰加到一起加热，就可以得到一种黄绿色的气体：$MnO_2+4HCl=MnCl_2+H_2O+Cl_2\uparrow$，这种气体被称为氯气（$Cl_2$）。工业上也可以用电解氯化钠溶液的方法得到它。氯气因为是黄绿色的气体，早期也被称为"绿气"，它密度比空气大，有毒，在"二战"期间曾被德军当作一种生化武器来使用，在伊普尔战役的战场上，当黄绿色的化学毒气从德军阵地顺着风向施放出来，5分钟内就消灭了1200名士兵，给英法联军造成了极大的伤亡。

　　含氯物质在漂白界也赫赫有名。虽然干燥的氯气没有漂白性，但把氯气通入水中可以得到有强漂白性的氯水，氯水漂白效果比二氧化硫要强很多，且更为持久。氯水漂白的原理是氯气与水反应产生了一种具有漂白性能的新物质次氯酸（HClO）：$Cl_2+H_2O=HCl+HClO$。近代工业的棉麻织物漂白大多都使用含氯的漂白剂。但是氯气不能用来漂白毛、丝等蛋白质类的衣物，因为这一类材料的结构在漂白时会被氯气破坏。

次氯酸漂白性很强，但是它有一个明显的缺点——不稳定。在光照或受热时，次氯酸很容易分解：$2HClO=2HCl+O_2\uparrow$，从而失去漂白性能。因此，我们往往把次氯酸以次氯酸盐的形式保存。最常用的次氯酸盐是次氯酸钠和次氯酸钙，前者是84消毒液（漂白液）的主要成分，后者是漂白粉的主要成分。往氢氧化钠（NaOH）溶液中通入氯气就会得到次氯酸钠和氯化钠的混合溶液：$Cl_2+2NaOH=NaCl+NaClO+H_2O$，这就是84消毒液的主要成分。往石灰乳（很浓的氢氧化钙）中通入氯气，就可以得到次氯酸钙和氯化钙：$2Cl_2+2Ca(OH)_2=CaCl_2+Ca(ClO)_2+2H_2O$，这就是漂白粉的主要成分。当我们需要漂白东西的时候，只要把次氯酸钠或次氯酸钙倒出来，并使其与空气中二氧化碳反应就可以得到漂白活性成分次氯酸：$NaClO+CO_2+H_2O=HClO+NaHCO_3$ 或者 $Ca(ClO)_2+CO_2+H_2O=CaCO_3\downarrow+2HClO$。无论是84消毒液还是漂白粉，性质都比次氯酸稳定，便于保存，通过这种形式，我们可以更好地掌握漂白的时机和效果，达到随时使用的目的。

第二十五章

氮的化合物

氮的化合物是我们今天要讲的主角。硝酸是氮的主要化合物，现在，我们就先来谈一谈硝酸的制作方法。作为一种不同的酸，一般都是让非金属氧化或者是燃烧变成酐，这样之后，就让酸酐和水混合在一起。

"氮的化合物是我们今天要讲的主角。硝酸是氮的主要化合物，现在，我们就先来谈一谈硝酸的制作方法。作为一种不同的酸，一般都是让非金属氧化或者是燃烧变成酐，这样之后，就让酸酐和水混合在一起。用这种方法制作得到硝酸是很困难的，鉴于氮气是一种不活泼的气体，在一般情况下，把它和其他元素混合在一起是绝对不可以的。从日常生活中的很多方面我们都可以验证这个事实。当炉中有火生起的时候——就是氮和氧的混合物——它们经过燃烧会发出热，尽管温度很高，但是这样的氮气并不能燃烧，而是会和它的同伴氧气一起化合，进去的时候它还是氮，出来的时候它依旧是氮。氮气和氧气直接化合在一起的话，就会制成硝酸，虽然说不是不可能的事，但我们需要一种很复杂的设备，像我们这么简陋的实验室，是没有办法做到的。所以，现在我们要制造出硝酸来，只能够借助那些含有氮和氧的天然物质。

"我们常常可以看见一种白色的粉状物质附着在潮湿的墙壁上，对于这种粉状的物质，我们曾经都说到过了。很多关于这种物质的知识，喻儿都告诉给过我们，若是用鸡毛把这种粉状物质从墙壁上刷下来撒在炭火上，就立即发出很明亮的火焰。它的俗名叫作硝石，在化学上叫作硝酸钾，即用硝酸和氧化钾制成的。硝酸钾除含有氮和钾两种元素外，还含有大量的氧，所以把它放在炭火上就能分解放出氧，使木炭猛烈地燃烧。在我们这实验室里，最适于制造硝酸的原料，这就是我们所说的硝酸钾。

"通过硝酸钾来制作硝酸，这是一种非常简单的方法，我们只要用一种强酸和硝酸钾一起作用，这样就可以使得钾和酸中的氢相互交换位置。我们知道有很多种酸，其中最合适的就是硫酸了。我们可以尝试着把浓硫酸加入硝酸钾里面，然后加热它，一会儿之后就会见到有硝酸气体大量地逸出，把这种气体冷却后集中在冷却器中，凝聚在一起就是我们要的液体硝酸。

"大家知道硝酸是一种极其猛烈的物质，这就是它被称为'镪水'的原因，这个'镪'字就是用来表示它有侵蚀金属的作用。如果硝酸被沾到皮肤上，就算是一点点，也会立马被烧成焦黄的颜色，并且会有不可磨灭的疤痕留下来。我们一会儿会把硝酸装在一个有着软木塞的瓶子里，最后，就会有黄色的木浆形成，这是由软木塞受腐蚀形成的。

"氧气的栈房是硝酸的另一个别称，硝酸极其容易把其中的氧气释放出来。因为这样，硝酸遇到其他的东西，很多都能把它们燃烧和腐蚀掉。我们所说的燃烧，并不是绝对意义上要出现火焰，出现火焰只是说明硝酸中的氧正在和另外的一种物质发生高热，然后相互化在一起这个事实罢了。

"接下来，就让我们来举个实际的例子，来证明硝酸可以腐蚀金属这个事实。最开始，我会往铁屑中加入一些硝酸，那混合物立刻就发出一种棕红色的浓烟和一种可以听得见的声音，同时它的温度也升高了。在几分钟以后，铁屑已完全燃尽，只剩下了一些铁锈。我再用铝箔来实验，也同样可以看见这棕红色的浓烟，听得到微弱的声音，感觉到温度的增高。这锡箔已变成白色的糊状物了。这白色的物质就是锡产生的锈，即锡的氧化物。如果我再用铜来实验，其结果也和上面的实验一样，不过所生的铜锈在生成的时候就溶解在酸里，成为绿色的液体。但有些金属并不受硝酸腐蚀，永不会生锈的金便是这样的一种金属。这是一张烫金用的金箔，我把这金箔放在浓硝酸里，并不见有什么变化：它依旧保持着灿烂的光泽，而且永远地保持着：即使把硝酸加热到沸点，也毫不发生作用。选择用硝酸的原因，是因为这样做的话，我们可以区分外表都是黄色的黄金和铜了。这两种东西遇到硝酸后的反应是不一样的，黄金遇到硝酸并没有什么变化；而铜呢，一遇到硝酸就会被硝酸腐蚀，接着会有棕红色的气体跑出来。

"利用硝酸能够腐蚀锌这个性质，印刷商可以用硝酸来制作锌板。我们把制作步骤分成五步来说：第一，在锌版的表面均匀地涂上一层感光膜：这感光膜是用蛋白和重铬酸盐制成的，受了光的作用，能一变其可溶于水的性质而为不可溶性；第二，用特制的照相底片反贴在锌版的感光面上，然后放在强光中曝晒，则光线进入底片的透明部分，同时作用于胶膜，使其变成不可溶性的物质；第三，将曝光后的锌版涂上油墨，浸在冷水中洗涤，则锌版上未受光的胶膜完全溶去，而留下明显的覆有油墨的字画图像；第四，将锌版烘热，使油墨有黏性，再撒上麒麟血粉（俗称'红粉'），冷却后即硬化而有耐酸性；第五，再将此锌版和稀硝酸相作用，锌版上没有耐酸性物质遮蔽的部分，就被硝酸所腐蚀而凹陷下去，等到锌版的表面被腐蚀到相当深浅的时候，把硝酸洗去，锌版上就只留下那个字迹的图像了。

"我已经在硝酸的性质上讲了很多了，也差不多了。那么好，再来讲一讲硝石和硝酸钾的热点。制造黑火药可以用硝石。黑火药是由相当分量的硫黄、木炭和硝石三者混合而成。硫黄和木炭都是很好的可燃物质，硝石中含有大量的氧，是很好的助燃物质。因此黑火药着火以后，硝石就分解而放出氧，硫黄和木炭就和这氧化合而突然变成气体。这样产生出来的气体的分量是很多的：如果让这气体自由地扩散开来，那么它的体积要比黑火药原来的体积大 150 倍；如果把这气体关闭在很小的弹壳里，这样气体聚集一定量之后就会猛地把弹壁弹开，它会发出嘭的一声，这是一种反作用力，就像一根绞足的发条一样，这个反作用力是很强的。

"另外一种有用的氮的化合物差点儿被我们遗忘了，它对于农业的作用尤其重要。有一种像水一样的液体被装在这个瓶子里面。但是，在这里，我要提醒你们，千万不要把开了盖的瓶子放到鼻子旁边去闻，因为这个味道实在是太刺激了，闻了之后会特别难受。"

喻儿在接到了他递过来的瓶塞之后，马上就认识到了这种液体的特点。他好奇地问道："咦，难道这是阿摩尼亚水吗？很久以前我在染洗店里看到过它被用来涤除衣服上的污渍。有一种很难闻的臭气就是由它发出来的。并且，爱弥儿在闻到它之后眼泪就会掉下来，这就足够用来证明它就是阿摩尼亚水了。原因是在我第一次闻到它的时候，我的眼泪就因为这种臭气的刺激不停地流下来。"

保罗叔叔和蔼地说道："你说的一点儿都不错，这瓶子里的液体正是阿摩尼亚水，在化学上叫作氨水。因为它能和污垢化合而成可溶性的物质，所以可用它来洗涤衣服上的污迹。用小刷子蘸了一些氨水刷在衣服上有污迹的地方，然后入水冲洗，就能把污迹除去。你口中常见的除去污迹的办法大概也就是在说这个吧。"

"有两种东西组成了这种液体：水和另外一种在化学上被叫作氨的大量的气体，它们混合在了一起就得到了这种液体。"

喻儿好奇地发出了疑问："难道氨水和氨是两种不同的物质吗？"

"对，它们并不是同一种物质。氨是无色的、不可见的气体，有强烈的臭味，能刺激人的鼻黏膜而使人流泪。氨水却是水和氨的化合物，由巨量的氨溶解在水中而成。我这个瓶子里的液体便是含有巨量的氨的水溶液。我说巨量，是因为氨极易溶解在水中，在正常的温度下，一升的水中约能溶解700升氨。所以在氨的大栈房氨水中，时常有氨逸出，我们嗅了氨水而流泪，便是因为这个。这样说来的话，如果我们将氨水加热，就会有更加多的氨逸出，自然而然，它的臭气也就更加厉害了。"

爱弥儿又说："即使我们心里都想笑，还是把我们都弄得泪流满面吧。有一种东西会让我们咳嗽，它是氯；有一种东西会让我们哭，叫作氨。它们的本领各不相同。"保罗叔叔点头表示赞同这种说法："是的，是的，氨有很大的臭味，它又能把我们的眼睛弄得酸痛流泪，我们完全可以用这两种性质的不同，来辨认出气体化合物的存在这个问题了。

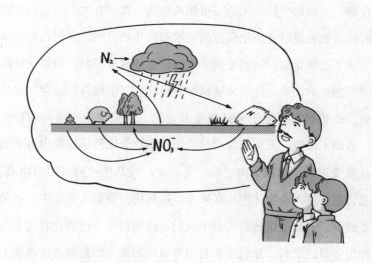

"为了在实验室这个地方制造得到氨气，我们可以借助一种白色的结晶状的东西，它的名字叫作硇砂——在化学上叫作氯化铵——和潮解了的石灰粉末混合后加热而得。这个操作所需的装置，和制氯的装置相似，不过减少了烧瓶上所插的玻璃漏斗罢了。因为氨比空气轻，所以可用倒覆着的空瓶在空气中收集它。这就像另外的例子，我们把氨通入水中，这样我们就可以得到一种叫作氨水的混合物了。

"氮和氨这两种东西组成了氨气。最近几年来工业上都是利用空气中的氨，和氮直接化合而成，这方法叫作合成法，既省费用，产量又多。这在农业上产生很大的帮助。在你们看来，好像氨只是一种去除污迹的药品，然而农民却把它当作宝物，因为它可以制成种种有价值的肥料，直接影响到收获的丰歉，间接影响到我们每天的食粮。一切的生物，无论是植物或动物，都含有氮。当它们死亡的时候，就被腐败作用把所有的元素都归还给自然。它们含有的碳被变成了二氧化碳，氢被变成了水分，氮被变成了氨。但是这种由腐败而生成的物质，此后又被植物所吸收，二氧化碳供给碳，水供给氢，氨供给氮，至于氧是各处都有的。从植物中所含的四种元素，造成了面包、蔬菜和我们的果子。动物令这种从植物中得来的食品改变形式，就成为肉、乳、毛、皮，或其他种种有用的物质。总之，氮要进入动物体中，必须先经过植物；要进入植物中，必须先变成氨。从以上讲解的内容中我们可以明白一个道理：农业上有一种很宝贵的肥料，那就是含有很多氨气的粪。而在最近的市场上又出现了一种非常流行的叫作肥田粉的肥料，它其实就是硫氨酸，这种物质中便含有大量的氨。

"把氨溶解在水中，得到的是氨水。我在这里还要多说几句，氨水是无色的，它是一种有着异臭的液体。它的滋味很涩，和石灰及草灰水的溶液一样，而且它也能把被酸所变红的石蕊试纸变成蓝色。我们曾经看见过石灰水能将紫罗兰和其他蓝色的花变成绿色。同样的道理，这样就能推断得出氨水也能把它们变成绿颜色了，这应该很好明白。

"氨可是非常能干的，它有着各种各样的用途。之前已经提到了它能除去衣服上的污迹，但是它还能作用于我们衣服上的色质，使之变淡。所以用氨水去污，只能适用于深黑色的和不容易褪色的质料。在这里我还要告诉你们几句话，这知识对于你们一定有用得到的一天。在做化学实验的时候，如果有酸类的液体溅到衣服上来，深黑色的衣服就会沾上一个红色的点子，这个时候氨水就能够派上用场了，你只要滴一点点的氨水在这红色的污迹上面，这污迹就会神奇地被消灭掉，它本来的颜色也就显露出来了，是不是很有用啊。

"差点儿就要忘记它的另外一个用途了：氨水能够治疗蝎子、黄蜂、蜜蜂等昆虫的毒刺所螫的伤，甚至能减弱蛇毒的严重后果。一旦你发现你被这几种生物蜇咬了，只要你能及时地拿氨水涂到伤口上，强大的氨水就能够发挥它的本领，能够成功地把毒素的作用给抑制住。

"氮这种东西在氨中占非常大的比例，而各种植物中都有氮的存在，这就是氨是植物的主要食品的原因。在这之前，我们给农作物施肥，很多时候都是用粪便的，在粪便腐败之后，就有很多氨气被释放出来。但是最近几年，我们对人造肥料的研究，已经在一天天地进步了。在这种人造肥料之中，除了氨之外，还有很多，比如硫酸钾和磷酸钙，这是因为钾、磷、钙等各种元素都是植物生长过程中一定少不了的元素。"

名师点评

　　氮元素是动植物生长必需的元素。自然界中含有丰富的氮，但是大多数都以稳定的氮气飘在空中，无法被植物直接吸收或利用。只有把它转化为化合态的氮元素，才能被植物体吸收。把空气中氮气单质转化为含氮元素化合物的过程，叫作氮的固定。早期氮的固定一直是影响人类粮食产量的重要瓶颈。因为氮气虽然是空气的主要成分之一，但它非常稳定，一般不与氧气等物质反应，因此空气中的氮气和氧气能够一直和平共处。自然界有少数植物，如大豆，可以让寄生的根瘤菌帮它固氮。多数植物没法直接固氮，氮元素如果缺乏，会严重制约植物的生长。在高温或闪电条件下，氮气和氧气会发生微弱的反应生成少量的一氧化氮：$N_2+O_2=2NO$。因此，雷电天气往往会有少量的氮被转化为一氧化氮，继而转化为其他形态的氮的化合物并随雨水落下，被植物吸收，起到促进植物生长的作用。因此古语常说的"雷雨发庄稼"，描述的就是古人种庄稼"靠天吃饭"的无奈。此外，现代汽车尾气管在高温环境中也会发生少量氮气与氧气的反应过程，生成的一氧化氮会变成一种空气污染物逸散到空气中，对人体造成危害，并给环境造成酸雨侵蚀等二次破坏。

　　氮的氧化物有两种，除了前面提到过的一氧化氮，还有一种是二氧化氮。一氧化氮是一种无色刺激性气味的气体，与一氧化碳类似，能与人体血红蛋白结合使其失去活性，从而失去搬运氧气的能力，最终使人中毒死亡。二氧化氮是一种红棕色刺激性的有毒气体。一氧化氮性质很不稳定，遇到空气中的氧气就会立即转化为二氧化氮：$2NO+O_2=2NO_2$。但是这两种氧化物都不是酸酐，因为它们与水反应都不能直接生成对应的酸。一氧化氮难溶于水且不与水反应，二氧化氮与水反应生成硝酸和一氧化氮：$3NO_2+H_2O=2HNO_3+NO$，这是工业制备硝酸的重要反应。

硝酸是一种酸性很强的酸，可以用硝石硝酸钾与浓硫酸反应制取得到：$2KNO_3+H_2SO_4=K_2SO_4+2HNO_3$。硝石也是黑火药的重要组成成分：把硫粉、硝石和炭黑以1：2：3比例混合就可以得到威力巨大的黑火药：$S+2KNO_3+3C=K_2S+3CO_2\uparrow+N_2\uparrow$。硝酸与铂、金之外的多数金属都会发生反应，浓的硝酸与金属反应会放出红棕色的二氧化氮气体，稀硝酸则生成无色一氧化氮气体（但是遇到空气也会瞬间变红）。

氨气是另外一个重要的氮的化合物，它是一种刺激性气味且易挥发的气体，在加压时易液化，再汽化的时候吸收大量的热，因此早期常被用来做空调或冰箱的制冷剂。氨气极易溶于水，在水中的溶解度可达到700，即一体积水能溶解700体积的氨气。氨气溶于水会与水反应生成氨水：$NH_3+H_2O=NH_3\cdot H_2O$，氨水是一种比较弱的碱，如果身体被黄蜂、蚂蚁叮咬，蚁酸中毒瘙痒难耐，可以试试通过擦拭氨水中和来减轻症状。氨水能使得红色石蕊试纸或溶液变为蓝色，因此也经常使用湿润的红色石蕊试纸来检验某种气体是否为氨气。在铁基催化剂下把氮气和氢气混合气体进行加压、共热处理，就能得到氨气，这是由德国科学家哈珀发现的合成氨气的重要反应，这个世纪闻名的反应的发现，标志着人类从此彻底告别了靠天吃饭的无奈历史。我们可以通过这个反应高效且源源不断地进行固氮，把空气中的氮气转变为氨气。氨气又可以在催化作用下，转化为NO，NO氧化为二氧化氮，二氧化氮遇水生成硝酸。硝酸是重要的化肥和炸药原料。这个看似不起眼的合成氨的反应，默默地帮助人类实现化肥的巨量生产，从而极大提高了全球粮食的产量，为世界人口的迅猛发展和粮食危机的妥善解决做出了不可磨灭的巨大贡献。